前沿科技 视点丛书
QIANYAN KEJI SHIDIAN CONGSHU

汤书昆 主编

RENGONG ZHINENG

人工智能

魏 铼 编著

U0158488

SPM 南方传媒

全国优秀出版社
全国百佳图书出版单位

广东教育出版社

·广州·

图书在版编目（CIP）数据

人工智能／汤书昆主编. —广州：广东教育出版社，2021.8（2022.11重印）

（前沿科技视点丛书／汤书昆主编）

ISBN 978-7-5548-4014-6

Ⅰ.①人…　Ⅱ.①汤…　Ⅲ.①人工智能　Ⅳ.①TB18

中国版本图书馆CIP数据核字（2021）第078767号

出　版　人：朱文清
项目统筹：李朝明
项目策划：李杰静
责任编辑：姜树彪
责任技编：佟长缨
装帧设计：邓君豪

人工智能
RENGONG ZHINENG

广东教育出版社出版发行
（广州市环市东路472号12—15楼）
邮政编码：510075
网址：http://www.gjs.cn
广东新华发行集团股份有限公司经销
佛山市浩文彩色印刷有限公司印刷
（佛山市南海区狮山科技工业园A区）
787毫米×1092毫米　32开本　4.5印张　90 000字
2021年8月第1版　2022年11月第5次印刷
ISBN 978-7-5548-4014-6
定价：29.80元

质量监督电话：020-87613102　　邮箱：gjs-quality@nfcb.com.cn
购书咨询电话：020-87615809

丛书编委会名单

前　言

　　自2020年起，教育部在北京大学、中国人民大学、清华大学等36所高校开展基础学科招生改革试点（简称"强基计划"）。强基计划主要选拔培养有志于服务国家重大战略需求且综合素质优秀或基础学科拔尖的学生，聚焦高端芯片与软件、智能科技、新材料、先进制造和国家安全等关键领域以及国家人才紧缺的人文社会学科领域。这是新时代国家实施选人育人的一项重要举措。

　　由于当前中学科学教育知识的系统性和连贯性不足，教科书的内容很少也难以展现科学技术的最新发展，致使中学生对所学知识将来有何用途，应在哪些方面继续深造发展感到茫然。为此，中国科普作家协会科普教育专业委员会和安徽省科普作家协会联袂，邀请生命科学、量子科学等基础科学，激光科技、纳米科技、人工智能、太阳电池、现代通信等技术科学，以及深海探测、探月工程等高技术领域的一线科学家或工程师，编创"前沿科技视点丛书"，以浅显的语言介绍前沿科技的最新发展，让中学生对前沿科技的基本理论、发展概貌及应用情况有一个大致了解，以强化学生参与强基计划的原动力，为我国后备人才的选拔、培养夯实基础。

本丛书的创作，我们力求小切入、大格局，兼顾基础性、科学性、学科性、趣味性和应用性，系统阐释基本理论及其应用前景，选取重要的知识点，不拘泥于知识本体，尽可能植入有趣的人物和事件情节等，以揭示其中蕴藏的科学方法、科学思想和科学精神，重在引导学生了解、熟悉学科或领域的基本情况，引导学生进行职业生涯规划等。本丛书也适合对科学技术发展感兴趣的广大读者阅读。

本丛书的出版得到了国内外一些专家和广东教育出版社的大力支持，在此一并致谢。

中国科普作家协会科普教育专业委员会

安徽省科普作家协会

2021年8月

目　录

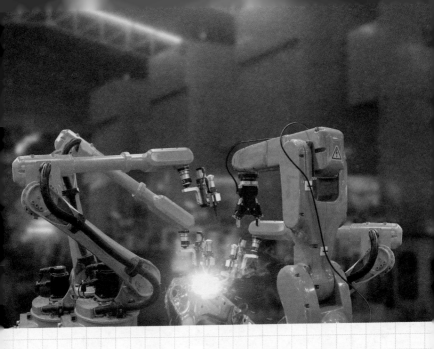

第一章　从人手到机械手

　　当人类用手制造出第一件生产工具以后，人类就进入了智能的时代，人类的想象力和创造力开始了飞跃式的发展。能不能让机器也有智能？从亚里士多德到莱布尼茨再到布尔，从达芬奇到巴贝奇再到斯坦霍普，先哲和大师们从理论到实践，不懈地追求和梦想着这一问题的答案，各种各样的机械智能装置随着工程制造技术的不断发展也层出不穷，一部人工智能的历史由此拉开大幕。

1.1
人类的进步从手开始

　　1941年12月5日凌晨，一列美国海军陆战队专列驶出当时被称为北平的北京，很少有人知道车上装的是什么。按计划，列车到秦皇岛后，车上的东西将转到"哈里逊总统"号轮船，然后运往美国。此次托运的负责人是即将离华赴美的海军陆战队退伍军医弗利。为了不引人注意，有两箱东西被混装在他的27箱行李中被送上火车。在秦皇岛，弗利的助手戴维斯负责接收这批特殊的行李。戴维斯回忆说：我去取了那些行李，有27箱，我把它们都放在了我的房间里。弗利等待着第二天坐"哈里逊总统"号回国。然而第二天，也就是1941年12月8日，日本偷袭珍珠港，美国对日宣战，太平洋战争爆发了。日军迅速占领了美国在华的机构，美国海军陆战队在秦皇岛的兵营也被日军侵占，弗利和戴维斯成了俘虏。在天津的战俘营中，他们陆续收到从秦皇岛兵营运送来的行李，但有两个箱子却不见了踪迹。它们正是全部行李的秘密所在——北京猿人头盖骨化石。

　　据古人类学家胡承志回忆，在合作挖掘化石时中美签订的合同规定，在周口店发掘的所有化石都是中

国财产，禁止运送出境。后经国民政府协调，驻北平的美国公使馆接收这批珍贵的古人类化石，

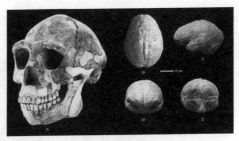

◆北京猿人头骨化石复原图

并负责将其安全运往美国保存，但化石还是失踪了。

　　其实，位于北京西南周口店龙骨山的这处遗址最早是在1921年8月由瑞典地质学家安特生和奥地利古生物学家师丹斯基发现，1927年起进行挖掘。1929年12月2日，中国考古学者裴文中挖掘出第一个完整的头盖骨。而在此时期所发掘出来的头盖骨，却在1941年时下落不明，成为一个历史谜团。

　　为什么北京猿人的发现如此重要？中国考古学家认为，北京猿人代表了直立人到现代中国人的发展变化，中间没有间断。因此中国的现代人类起源于本土的早期智人。这打破了许多人认为古人类起源于非洲的说法。考古发现还证明，北京猿人在白天制造工具、采摘果实、猎取野兽，晚上则返回龙骨山的山洞里，烤火、休息，用简单的语言和手势交谈。北京猿人用下肢支撑身体，直立行走，上肢与现代人的双手相似，捕猎野兽。人类的进化从使用手和制造工具开始，经过了漫长的历史，逐渐发展成为今天能够改天

换地的人类智能。

当人类可以直立自由行走和用手制造各种工具以后，人类的想象力和创造力

◆北京猿人的生活场景

都得到了飞跃式的发展，人类的梦想不断实现。欧洲文艺复兴最伟大的代表莫过于达·芬奇。他不仅是一位杰出的艺术大师，而且还是多才多艺的科学家、建筑学家、工程师和发明家。达·芬奇超人的才华和无限的梦想，让他在不同的领域里创造出多个令人不可思议的作品和发明，从《蒙娜丽莎的微笑》到直升机，从降落伞到坦克，从自动行驶的车到理想城市，简直让人不敢相信。

1967年的一天，在西班牙国家图书馆里工作的科学家们，惊奇地发现了达·芬奇两件遗失的手稿，其中一件创作于1503—1505年间的手稿，详细描述了一台机械式计算装置，这就是世界上第一台机械计算器。这两件被命名为"马德里手稿"的作品，引来了达·芬奇研究者们的强烈兴趣。特别是这台机械式计算装置，美国国际商业机器公司（IBM）格外重视。

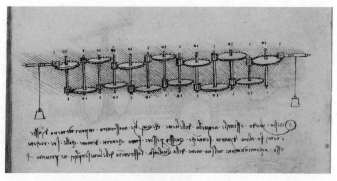

◆达·芬奇的机械式计算装置手稿

　　1968年，国际商业机器公司聘请了世界著名的达·芬奇研究专家，按照达·芬奇的手稿复制了这台装置。装置由十三个相互锁定的轮子组成，每个轮子有十个面，分别表示从零到九的数字。当第一个轮子转到九时，第二个轮子就会被带动，以此类推，形成进位关系。在达·芬奇的年代，还没有任何机器可以有这么多互相关联的运动部件，更没有人想到发明这样一台可以进行加法运算的机器，达·芬奇成为世界上发明第一台机械加法器的人。

◆达·芬奇计算器模型

当然，和中国的算盘相比，达·芬奇的发明也许就没有那么独一无二了。关于算盘的发明时间，一直众说纷纭，有人认为是

◆中国的算盘

东汉南北朝时期，有人认为是唐朝，还有人认为是元明时期。不管怎么说，中国的算盘是中国人在计算机械化上的一大智慧发明。当达·芬奇用看似精巧实则复杂的齿轮传动进行加法运算时，中国人用几个珠子几根竹棍儿就"四两拨千斤"地实现了加法运算，看似简单实则精巧。在结合口诀的条件下，算盘不仅可以计算加减，而且还可以计算乘除。由于算盘运算方便、快速，几千年来一直是中国人民普遍使用的计算工具。珠算已经入选联合国教科文组织"人类非物质文化遗产代表作名录"，成为我国第30项被列为非遗的项目。然而，人类探索让机器具有智能的脚步并没有因此而停止。

1.2
从机械到机器

1823年，英国政府做出了一个史无前例的决定，即资助查尔斯·巴贝奇设计一台蒸汽机驱动的机械式通用计算机——分析机。谁是查尔斯·巴贝奇？英国政府又为什么破天荒地要资助他做这样一台机器呢？

查尔斯·巴贝奇是英国一位数学家和发明家，家里还很富裕。他的爸爸是一个银行家，留有一大笔丰厚的遗产。巴贝奇有着一个宽阔的额头、一张狭长的嘴和一双锐利的眼睛。他愤世嫉俗但又不失幽默，给人一种极富深邃思想的学者形象。童年时代的巴贝奇就显示出极高的数学天赋，考入剑桥大学后，他发现自己掌握的代数知识甚至超过了老师。毕业留校，二十四岁的他受聘担任剑桥"路卡辛讲座"的数学教授，这是一个少有的殊荣。然而，这位吃穿不愁、前途无量的数

◆查尔斯·巴贝奇画像

学家，为了自己的梦想，却选择了另外一条无人敢攀登的崎岖险路，并且为之倾其财富。

　　故事还得从法国讲起。18世纪末，法兰西发起了一项宏大的计算工程——人工编制《数学用表》，这在没有先进计算工具的当时，是件极其艰巨的工作。法国数学界调集大批精兵强将，组成了人工手算的流水线，算得天昏地暗，才完成了十七卷两大部头的书稿。

　　有一天，巴贝奇翻看着这些数学用表，竟发现数学用表几乎是页页有错，坐在剑桥大学的分析学会办公室里的巴贝奇，对着数学用表神志恍惚起来。这时，一位会员走进屋来，瞧见他的样子，忙喊道："喂！你梦见什么啦？"巴贝奇指着数学用表回答说："我正在考虑这些表也许能用机器来计算！"这件事让巴贝奇萌生了研制计算机的构想。

　　巴贝奇的第一个设计是一台差分机，他从法国人杰卡德发明的提花织布机上获得了灵感。杰卡德发明的提花织布机，不仅有精巧复杂的机械装置，而且能够通过打孔卡片来自动控制花布编织的图案。1822年，巴贝奇初战告捷，第一台差分机呱呱坠地。从设计绘图到零件加工，都是他亲自动手。虽然巴贝奇从小就酷爱并熟悉机械加工，车、钳、刨、铣、磨，样样拿手，但制造出这样一台机器还是花了他十年的时间。

这台差分机运算精度达到了六位小数，可以演算出好几种函数表，非常适合于编制航海和天文方面的数学用表。巴贝奇趁热打铁，连夜奋笔

◆巴贝奇的差分机

上书皇家学会，要求政府资助他建造一台运算精度达到二十位的大型差分机。英国政府看到巴贝奇的研究有利可图，破天荒地与科学家签订了第一个合同，财政部慷慨地为这台大型差分机的研制提供1.7万英镑的资助。尽管如此，在研制过程中，经费还是不足。巴贝奇自掏腰包，又贴进去1.3万英镑。在当年，这笔款项的数额无异于天文数字。

然而，出乎意料的是这台差分机的研制异常艰难。按照设计，这台差分机大约有两万五千个零件，主要零件的误差不得超过每英寸千分之一，即使是现在的加工设备和技术，要想造出这种高精度的机械也绝非易事。巴贝奇把差分机交给了英国最著名的机械工程师约瑟夫·克莱门特所属的工厂制造。一个十年过去了，巴贝奇依然望着那些不能运转的机器发愁，全部零件只完成不足一半数量。参加研制的同事们再

也坚持不下去，纷纷离他而去。巴贝奇独自苦苦支撑了另一个十年，终于感到自己也无力回天。

1842年冬天，伦敦的天气格外寒冷，巴贝奇的身心全都冷得发颤。英国政府宣布断绝对他的一切资助，连科学界的友人都用一种怪异的目光看着他。那天清晨，巴贝奇蹒跚走进车间。偌大的作业现场空无一人，只剩下满地的滑车和齿轮，四处一片狼藉。他呆立在尚未完工的机器旁，深深地叹了口气，无可奈何地把全部设计图纸和已完成的部分零件送进伦敦皇家学院博物馆。

当时的英国首相讥讽道："这部机器的唯一用途，就是花掉大笔金钱！"同行们也讥笑他是"愚笨的巴贝奇"。皇家学院的权威人士，都公开宣称他的差分机"毫无价值"。

三十年的困难和挫折并没有打垮巴贝奇，还在大型差分机研发受挫的1834年，巴贝奇就已经提出了一项新的更大胆的设计，一种通用的数学计算机，巴贝奇把这种新的设计叫作"分析机"。它能够自动解算有一百个变量的复杂算题，每个数可达二十五位，速度可达每秒钟运算一次。

巴贝奇首先为分析机构思了一种齿轮式的"存储库"，每一齿轮可存储十个数，总共能够存储一千个五十位数。分析机的第二个部件是"运算室"，可以让五十位数加五十位数的运算在一次转轮中完成。此外，巴贝奇也构思了送入和取出数据的机构，以及在"存储库"和"运算室"之间传输数据的部件。他甚至还考虑到如何使这台机器处理依条件转移的运算动作。

一个多世纪后的今天，现代计算机的结构几乎就是巴贝奇分析机的翻版，不同的是它的主要部件被换成了今天的超大规模集成电路。巴贝奇可算是当之无愧的计算机系统设计的开山鼻祖。

为分析机"编织"代数的方法和杰卡德织布机编织花叶的程序完全一样，计算程序通过打孔卡片控制着分析机的运算。为分析机编制一批函数计算程序的重担，就落到了巴贝奇科学研究上的合作伙伴数学

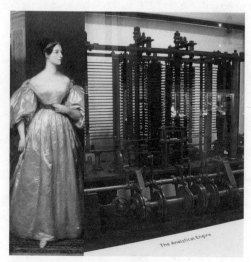

◆阿达和巴贝奇的分析机

才女阿达身上，她也成了世界公认的第一位软件工程师。她为计算机编出了程序，包括计算三角函数的程序、级数相乘程序、伯努利函数程序等。1981年，一种花了上百亿美元和十年时间开发的计算机语言被正式命名为阿达（ADA）语言，以纪念才女阿达。

巴贝奇和阿达的努力，让分析机成为人类第一次尝试用蒸汽动力推动计算自动化的一个实践。他们的设想超出了他们所处时代至少一个世纪，给人类留下了一份极其珍贵的科学遗产，包括三十种不同的设计方案，近两千一百张组装图和五万张零件图，更包括那种在逆境中自强不息、为追求梦想奋不顾身的拼搏精神。他们的努力限于当时的技术条件最终没有成功，但却为人类把自己的智能向机器转化迈出了勇敢的一大步。

1.3
从工程到逻辑

其实，人类很早就从各个方面开始探索人工智能了。无论是达·芬奇的机械计算装置，还是巴贝奇的分析机，其灵感都是从更古老的人类对机械化的追求中得来的，而这种追求的古老代表就是机械装置的钟表。如果你去过故宫里面的钟表馆，你一定看到过里面陈列的各种各样欧洲进贡来的千奇百怪的钟表，它们在发条动力下，通过齿轮传动，或由重力摆轮带动，使表针移动标时。

后来，法国的约瑟夫·玛丽·雅卡尔发明了打孔卡片，用来控制织布机，这在一定程度上是一种程序设计原理，把人类智能通过编制程序的方式赋予机器。

在用打孔卡片控制机械运动的启发下，最早的机器人就以各种简单有趣的形式出现了，像能自动演奏的钢

◆ 古代的机械钟

琴、可以自动眨眼或张嘴的木偶，让当时的人们大开眼界，看到机器做到了以前只有人可以做到的事情。但问题来了，这些早期的自动化装置都只能机械地按照预定的方式进行工作，对外部环境不具有感知能力，它们有眼看不见，有耳听不到，更不会像人类那样知冷知热，善于思考。

◆浮球驱动装置设计图

如何让机器能够感知它所在的环境，根据环境的变化而改变它的行为呢？在公元270年，希腊一个发明家发明了一种可以根据水箱里水位的高低来自动决定是否蓄水的装置。它的原理和我们今天很多冲水马桶里采用的浮球联动水阀十分相似。装置十分简单，一个浮球被连接在上下水阀之间，当水位下降，浮球也下降，拉开上水阀上水，水压关掉下水阀；当水位上升，浮球也上升，不断推起上水阀至其关闭。这个浮球其实就是一个反馈信号发生器，它能感知水位的高低，并把感知的情况通过绳索正向或反向地传递给上水控制阀门。这种信息反馈概念和原理后来被广泛应用在人工智能科学里，发挥着广泛而深刻的作用。

就在发明家们从机械的角度探索让机器模仿人类

进行智能活动时，哲学家们也从逻辑的角度探寻着人类思维的机理，为人工智能的可能性提供了更深刻的探索，希腊哲学家亚里士多德就是这样一个早期的代表。他在思考了人类推理过程后，总结和创立了著名的三段论的逻辑推理理论，该理论在当时被认为是涵盖了所有论证形式。那么他的三段论说的是怎么一回事呢？以下是一个说明三段论的著名的例子。

我们说所有动物都是会死的，所有人都是动物，所以，所有人都是会死的。前面的两句命题我们称为"前提"（包括"大前提"和"小前提"），最后一句命题我们称为"结论"，这样就形成了在大前提和小前提的基础上推出结论的逻辑推理三段式。当然，结论的真实性必须建立在前提的真实性基础之上，这样的三段论才是有效的。亚里士多德三段论的优美之处在于它的形式化的抽象。这是什么意思呢？就是说亚里士多德的三段论可以抽象表示为，如果所有B属于A，所有C属于B，那么所有C也就属于A。这样的推理就具有了一般性，而不再仅局限于具体事物，可以广泛地应用于任何事物的推理过程中，为人工智能的推理论证技术提供了逻辑理论的基础。亚里士多德的科学理论统治了西方思想达1500年。

1646年7月1日，一个叫戈特弗里德·威廉·莱布尼茨的神童在神圣罗马帝国的莱比锡出生了。莱布尼茨后来成为德国的哲学家、数学家，被誉为"17

世纪的亚里士多德"。他不仅因为和牛顿分别各自发明了微积分而闻名遐迩，而且还发明了包括二进制在内的许多理论，在政治学、法学、伦理学、神学、哲学、历史学、语言学诸多方面都有著书立说。其实他不是一位专业学者，他的专业是法律，拿到博士学位后就一直担任贵族们的法律顾问，为德意志贵族们游走于欧洲各国。据说他发明的许多数学公式都是在旅途颠簸的马车上完成的。在哲学上，莱布尼茨是一个乐观主义者。他认为，"我们的宇宙，在某种意义上是上帝所创造的最好的一个"。他预见了现代逻辑学和分析哲学的诞生。

　　莱布尼茨还提出了机器推理和证明的想法。他认为人类知识可以被一种形式化的语言所描述和概括。他设想把所有知识分解成一些基本元素，在计算和推理的基础上对这些基本元素进行各种各样的组合，就能表达人类的思维和思想，就像所有的文章都是由文字所组成，而文字又是由有限的字母所组成的那样。

　　18世纪末19世纪初，英国科学家查尔斯·斯坦霍普发明了一个"魔盒"。这个盒子边上有滑槽，可以让人滑动槽里涂有颜色的滑块。盒子的中间有一个窗口，显示滑动到不同位置的滑块所表示出的问题以及问题的答案。它可以用来解决一些简单的逻辑和概率问题。以今天的观点来看，这就是一台最简单的模拟式计算机。有趣的是，斯坦霍普发明了这个"魔

◆斯坦霍普的"魔盒"

盒"以后，并不想让大家知道，生怕别人会偷走。所以只有他的极少数亲戚和朋友在他生前有幸偷偷地观赏过这个"魔盒"的神奇演示。直到他去世以后，他的发明才得以公之于众。他的发明让公众对逻辑证明可以通过机器来进行的信心大增。

1854年，另一位英国数学家、逻辑学家和哲学家乔治·布尔发表了《思维规律的研究》。这是他最著名的著作。在这本书中，布尔介绍了后来以他的名字命名的布尔代数。布尔代数成为今天整个计算机数学的基础之一，被广泛应用于电子计算机中所采用的数字电路和很多计算机语言的符号逻辑运算中。布尔代数到底讲了什么呢？其实布尔代数的核心法则十分简明，用布尔自己的话说，就是真和假不可能同时存在。布尔用了一个代数等式表示为：$x(1-x)=0$。x表示真，$(1-x)$表示假，0表示不存在。在这个核心法则下，布尔采用代数运算的表示方法，推导出一整套逻辑演算法则，创立了布尔代数理论。

1.4
机器能有智能吗？

　　机器能不能有智能是一个人类由来已久的思考和探索。从亚里士多德到莱布尼茨再到布尔，从达·芬奇到巴贝奇再到斯坦霍普，先哲和大师们从理论到实践，都在不懈地追求和梦想着如何让机器有人一样的智能，各种各样的机械智能装置随着工程制造技术的不断发展而层出不穷。那么，机器怎样才算是具有了智能呢？一个叫图灵的英国人，在1950年英国哲学杂志《心》上发表的文章《计算机与智能》，成为人工智能的一个划时代的里程碑。在文章中，他提出了"模仿游戏"，这是后来被人们称为"图灵测试"的人工智能的定义。让我们先从谁是图灵说起吧。

　　在计算机和人工智能领域，不知道图灵是谁，那就太孤陋寡闻了，就连不太了解计算机和人工智能的人，只要是爱看电影，都有可能知道谁是图灵，因为以他为题材拍的电影《模仿游戏》于2015年在中国上映，该片获得第87届奥斯卡金像奖多达七项的提名。那么到底图灵是谁？他又为什么那么有名？他和计算机与人工智能又有什么关系呢？

图灵的全名叫艾伦·图灵，是一个英国人。据说他去英国剑桥大学入学报到的时候，他父母为了避税，带着全家正定居在法国。他只好从法国跨越英吉利海峡去英国。轮渡抵达英国口岸时，天色已晚，去学校的最后一趟班车都已经开走了。他二话不说，从

◆艾伦·图灵

行李里拿出随身携带的自行车，买了张地图，一路骑行赶往学校。然而车不作美，自行车中途坏了两次。六十英里（约为96.6千米）的路程，他走了一夜，中途还住了一个五星级酒店。事后他把五星级酒店的发票寄给父母，证明自己既没有说谎，也没有乱花钱。

图灵是科班出身的数学家。在他那个年代，数学就是脑袋加纸笔。他一直在想，既然数学是那么一个严谨而富于逻辑的东西，能不能发明一种机器代替纸笔进行数学运算，进而帮助人们解决一切数学和逻辑可以解决的问题。一天，他又躺在学校的草坪上望天冥想，突然一个简单的机械装置浮现在他的脑海，这就是后来被称为"图灵机"的虚拟计算装置。

图灵机是一个简单得不能再简单的装置。它由三个部分构成：一条无限长的纸带，上面有无穷多的格子，每个格子里可以写1或0；一个可以移动的读写

头，每次可以向当前指向的格子读写1或0；一个逻辑规则器，可以根据当前纸带位置上读到的是1还是0，以及逻辑规则，指示读写头向前或向后移动一个格子，或向当前的格子里写入1或0。图灵证明了他的这个装置与计算理论中的丘奇演算以及哥德尔递归函数等价，从而证明了这个简单装置的无限计算能力。有了图灵机，我们就可以把原来纯数学和逻辑的东西与物理世界的装置联系起来，函数变成了规则控制下的纸带和读写头。今天的电子计算机实际上就是图灵这个虚拟计算装置的一个具体实现。被称为"电子计算机之父"的冯·诺伊曼一直都说，他的原创思想就是来自图灵机，其核心内容就是存储程序结构，一个被编码的图灵机就是存储的程序。1936年，图灵发表的名为《论可计算数及其在判定问题上的应用》的文章和文章中描述的图灵机，成为人类文明划时代的里程碑之一。

◆图灵机

1939年9月1日，德国军队占领了波兰，2日英国对德宣战，3日图灵被召去布莱彻利庄园。这个庄园其实是英国政府的代码和加密学校，负责为英国海陆空三军提供密码加解密服务。图灵的工作是负责破解德国传奇的Enigma加密机。战时的工作十分繁重，据说，有一次图灵需要去伦敦参加一个紧急会议，但一时没有车可以送他，于是他说了一句"我自己解决吧"，就拔腿奔跑而去。64公里的路对于他来说似乎毫不费力，会后他又自己跑了回来。图灵的长跑纪录是奥运会水平的，他本来想代表英国参加1948年的奥运会，但因为受了伤，只好放弃。

　　即使是在战争中，图灵也没有放弃对机器与智能问题的思考。战后，他来到曼彻斯特大学任教。在朋友的催促下，他把他对机器与智能问题的思考写成了文章，这就是1950年他在英国哲学杂志《心》上发表的又一个划时代的里程碑——《计算机与智能》。该文章被公认为是人工智能最早的系统化、科学化论述。

　　在文章中，他提出了"模仿游戏"。游戏很简单，在两个分开和封闭的房间里，分别有一个人和一台机器，他们通过一个打字终端来回答屋子外面提出的问题。如果在屋子外面的人不能通过提问而判断屋子里面回答问题的哪一个是人哪一个是机器，那么机器就被认为是有智能的。图灵在文章中

ON COMPUTABLE NUMBERS, WITH AN APPLICATION TO
THE ENTSCHEIDUNGSPROBLEM

By A. M. Turing

[Received 28 May, 1936.—Read 12 November, 1936.]

The "computable" numbers may be described briefly as the real numbers whose expressions as a decimal are calculable by finite means. Although the subject of this paper is ostensibly the computable numbers, it is almost equally easy to define and investigate computable functions of an integral variable or a real or computable variable, computable predicates, and so forth. The fundamental problems involved are, however, the same in each case, and I have chosen the computable numbers for explicit treatment as involving the least cumbrous technique. I hope shortly to give an account of the relations of the computable numbers, functions, and so forth to one another. This will include a development of the theory of functions of a real variable expressed in terms of computable numbers. According to my definition, a number is computable if its decimal can be written down by a machine.

In §§ 9, 10 I give some arguments with the intention of showing that the computable numbers include all numbers which could naturally be regarded as computable. In particular, I show that certain large classes of numbers are computable. They include, for instance, the real parts of all algebraic numbers, the real parts of the zeros of the Bessel functions, the numbers π, e, etc. The computable numbers do not, however, include all definable numbers, and an example is given of a definable number which is not computable.

Although the class of computable numbers is so great, and in many ways similar to the class of real numbers, it is nevertheless enumerable. In § 8 I examine certain arguments which would seem to prove the contrary. By the correct application of one of these arguments, conclusions are reached which are superficially similar to those of Gödel†. These results

† Gödel, "Über formal unentscheidbare Sätze der Principia Mathematica und verwandter Systeme, I." Monatshefte Math. Phys., 38 (1931), 173-198.

◆图灵的著名文章

提出了"机器能思维吗"这个问题，还提出了问题的各种变种；然后给出了他的答案，和答案可能产生的异议以及对异议的反驳。他还进一步预测，到2000年机器的内存会达到1GB，事实证明他对内存容量的预言十分准确。美国麻省理工学院的机器人专家布鲁克斯不无感叹地说过："阅读图灵的文章，真是令人折服。这些玩意儿，他早就想到了，没有人比他更先知。"

然而，图灵的聪明才智并没有让他人生辉煌，个人生活问题一直困扰着他，还让他官司缠身。英国政府不但没有因为他战时从事密码工作的贡献而保护他，反而吊销了他的安全许可，这意味着他从此没有办法在此领域中工作。1954年6月7日，图灵被发现死在自己家中的床上，年纪还不到42岁，关于他的死因至今众说纷纭。

　　为了纪念和表彰图灵对计算机科学的贡献，美国计算机学会于1966年设立了图灵奖，这个奖被认为是计算机科学界的诺贝尔奖。2009年9月10日，图灵死后55年，在英国人民的强烈呼吁下，英国首相布朗向全国人民正式颁布对图灵的道歉。布朗说："我很骄傲地说，我们错了，我们应该更好地对待你。"

　　图灵这个伟大的天才，但像很多伟大的人一样，所有的荣誉和地位都是在死后才获得。今天，在英国曼彻斯特公园里，图灵雕像的基座上刻着著名逻辑学家罗素的一句话："数学不仅有真理，也有最高的美，那是一种冷艳和简朴的美，就像雕像。"图灵被认为是人类最伟大的数学家之一。

1.5
人工智能元年

　　人工智能是在哪一年正式成为一门学科的呢？是什么事情催生了这样一门学科呢？这就要从一个人说起，他就是后来被誉为"人工智能之父"的约翰·麦卡锡。

　　约翰·麦卡锡是一个看上去文质彬彬却十分严肃的青年，他是美国新罕布什尔州达特茅斯学院的数学助理教授。别看他表面上像数学一样乏味无趣，他内心可是充满了骚动。让他骚动的原因，正是后来被他称为"人工智能"的科学。这得从1948年秋天的一个会议说起。

◆约翰·麦卡锡　　◆美国新罕布什尔州达特茅斯学院

1948年9月，一个关于人类行为中的脑机制研讨会在美国加州理工学院召开了。长期以来，科学家们一直对人脑的结构和思维机制抱有强烈的兴趣，生物学家、解剖学家、心理学家、神经学家都努力从自己的研究领域探索人类行为中的脑机制，试图揭开人类思维的奥秘。这次加州理工学院召开的研讨会就是科学家们关于这一主题的一次交流活动。

　　加州理工学院坐落在素有"阳光之州"之称的加利福尼亚的洛杉矶地区。金秋九月的气候和西海岸的风光确实让会议十分诱人，但更诱人的是会议上来的一位"大人物"，他就是电子计算机界大名鼎鼎的美国数学家冯·诺伊曼。其实这是一个关于认知科学的座谈会，似乎与计算机和数学没有太大关系。那么，这位计算机界的"大人物"来座谈会，是要干什么呢？

　　原来冯·诺伊曼发明了早期的电子计算机以后，就一直有一个想法，那就是能不能发明一种具有足够复杂性、理论上能自我复制的机器——自动机。无疑他主创的电子计算机成为他思考的原型和出发点，但一种能自我复制的机器应该有类似人脑的机制，所以关于人类行为中的脑机制研讨会就吸引了他。他希望了解和促进在计算机结构的基础上，开发一种可以接近大脑机制的人工自动机理论研究。

　　当时正在那里就读本科的约翰·麦卡锡恰巧也旁

听了会议。这让他心潮澎湃，脑洞大开。后来他回忆说，"正是这个会议触发了我对人工智能的强烈兴趣和研究欲望"。

博士毕业后，约翰·麦卡锡来到达特茅斯学院工作。1955年夏天，他接到了设计研发IBM701计算机的纳萨尼尔·罗切斯特的邀请，来到国际商业机器公司参加短期的研究活动。在那里，他们一边工作一边热烈地讨论起如何能使机器像人一样地处理问题。他和罗切斯特一起说服了克劳蒂·香农和玛文·明斯基（当时的一名研究数学和神经学的年轻的哈佛学者），决定来年夏天在达特茅斯学院进行人工智能的共同研究。香农当时是贝尔电话实验室的一名数学家，在交换机理论和统计信息理论方面大名鼎鼎。

为什么研究如何使机器像人一样地处理问题，需要让这些不同学科及不同领域的人来参加呢？其实，早期对人工智能的研究并没有一个确定的方法和方向，可以说是八仙过海，各显其能。感兴趣的科学家和学者们纷纷从自己的专业领域出发，探索人工智能的可能性。当时，最接近人脑工作的就是刚刚发明不久的电子计算机，它能像人脑一样存储数据，并且可以像人脑一样在预定程序下自动进行逻辑推理和数字计算，所以计算机专家就一马当先地成为人工智能研究的大将。神经学家、心理学家和脑专家，也由于专门从事揭开人脑工作的秘密而当之无愧地成为研究人工智能的主力。我们知道，数学是万学之学，任何问题最后都可以归结为数学问题，而数学又是所有问题的最终答案和解决方法，所以数学家的参与不仅是自然而然，而且是必须的。

那么，到哪里去找经费来支持这个活动呢？为了筹钱，麦卡锡亲自撰写了一份项目计划书，并给项目起了个响亮的名字，叫"人工智能的夏季研究"。这是历史上第一次把机器模仿人脑的研究工作命名为"人工智能"，也是历史上第一次开始的"人工智能"的专题研究活动。

在计划书中，麦卡锡写道，"我们打算在暑期的两个月里，组织一个十人团队，专门进行人工智能的研究。研究将包括所有在知识学习方面的基本推测和在本质上能精确描述使机器模仿人类其他智能方面的特征，试图找到任何让机器使用语言、拥有抽象能力和掌握概念的方法，解决目前只有人类可以处理的问题，让机器具有人一样的智能"。富于想象力和感染力的描写，让他们成功地争取到了美国石油大亨洛克菲勒基金会的赞助。

参加这个暑期项目的除了有发起人麦卡锡、罗切斯特、香农和明斯基外，还有开发了跳棋程序的国际商业机器公司工程师阿瑟·赛米欧，对自动感应系统兴趣浓厚的麻省理工学院的奥利沃·塞尔佛里奇和瑞·索罗门诺夫，研究符号逻辑推理的科学家艾伦·纽厄尔和赫伯特·西蒙，以及来自国际商业机器公司的另一名研究国际象棋程序的科学家埃莱克斯·伯恩斯坦。其实，来自不同背景的他们心思各异，但都有一个共同的目标，那就是让机器能完成当时只有人才能完成的事情。

整个夏天，达特茅斯学院里，一群并不引人注意的理工男们，专心而疯狂地沉浸在自己的世界里，幻想着以自己的方式创造出一种能够具有人的智能的机器。他们时而高谈阔论，争吵不休；时而深思熟虑，沉默寡言；时而把自己独自关在屋里，门上挂起"请勿打扰"的牌子；时而结伴在校园的草坪绿道上散步漫行，倾心交谈。

麦卡锡一直试图建立一种类似英语的人工语言，使机器可以用来自行解决问题。他提出了"常识逻辑推理"理论。设想一个旅行者从英国格拉斯哥经过伦敦去莫斯科，计算机程序可以分段处理：从格拉斯哥到伦敦，再从伦敦到莫斯科。但是假设此人不幸在伦敦丢失了机票，怎么办？现实中，此人一般不会因此取消原来去莫斯科的计划，他很可能会再买一张机票。然而，预先设计好的模拟程序却不允许如此灵活，因此需要一种更符合现实的具有常识推理能力的逻辑。后来，他提出了"情景演算"理论，并发明了一种建立在数学推理基础上的表处理语言"LISP"。但麦卡锡自己也承认，在某种语境下，进行基本的猜测常常是十分困难的。

小组里，香农则是想把信息理论应用到计算机和大脑模型上。香农是信息论的奠基人，他提出的关于通信信息编码的三大定理是信息论的基础，为通信信息的研究指明了方向。他早在麻省理工学院攻读电气工程硕士学位时，就注意到了电话交换电路与布尔代数之间的类似性。一个是电路系统的"开"与"关"，一个是布尔代数中的"真"与"假"，并都可以用1和0表示。于是，他在他的硕士论文中提出了用布尔代数分析优化开关电路，为数字电路的理论奠定了基础。他的这篇论文被哈佛大学教授赞誉为"20世纪最重要和最著名的硕士论文"。

西蒙和纽厄尔是小组里最特殊的一对。他们曾经是师生，现在是极其亲密的合作伙伴，同为人工智能符号主义学派的创始人。西蒙多才多艺，琴棋书画，无所不能，还擅长多国语言。作为一名当之无愧的计算机科学家，他其实毕业于政治科学专业，是政治学博士，后来更荣获了诺贝尔经济学奖。纽厄尔则是西蒙的学生，他的才能和创新精神深深地吸引了西蒙。他们从认识以后，共同合作四十余年，在研究符号处理系统的基础上，开发了后来被称为"逻辑理论家"

的程序，其中的符号结构和启发式方法成为后来智能问题解决的理论基础。他们在1975年荣获图灵奖时联合发表演讲说，计算机科学应该是"按经验进行探索"的科学，因为现实世界中所存在的对象和过程，都是可以用符号来描述和解释的，而包含着对象和过程的各种各样的"问题"都可以通过以启发式搜索为主的手段去获得答案。他们认为，程序可以在专家水平上或者在有能力的业余爱好者的水平上去解决问题。

和小组里其他人都不同的是明斯基。他在大学主修物理学的同时，还一口气选修了电气工程学、数学、遗传学、心理学等五花八门的学科。后来他觉得遗传学深度不够，物理学引力不足，读博时改为攻读数学，成为一名数学博士。工作以后，他的全部兴趣又落在了人工智能方面。他在神经网络研究的基础上，探索如何让机器可以在所在环境下通过一种抽象模型自我生成。后来他把他的研究写成了一篇论文《面向人工智能的步骤》，成为后来人工智能研究的指导性文件之一。他曾经跟《纽约时报》的记者说："智能问题深不见底，我想这才是值得我奉献一生的领域。"他坚信人的思维过程是可以用机器去模拟的。他的一句名言就是"大脑无非是肉做的机器而已"。他甚至把他的研究延伸到几何学中的定理论证

◆几位人工智能的最早奠基人：淳查德·摩尔，约翰·麦卡锡，玛文·明斯基，奥利沃·塞尔佛里奇和瑞·索罗门诺夫（于2006年7月纪念达特茅斯会议五十周年的聚会上）

问题上，为后来人工智能的图形图像识别奠定了基础。明斯基成了第一个在人工智能领域里获得图灵奖的人。

就是这样一群相貌普通但身怀绝技、看似无奇但聪明绝顶的人，在1956年的那个夏天，在暑期空荡的达特茅斯学院里，天马行空，追求梦想。然而，当时没有人想到这样一个建立在参加者兴趣之上的自发的暑期研究活动竟成了奠定人工智能正式研究历史中的划时代的里程碑。发起人麦卡锡、罗切斯特、香农和明斯基后来被誉为"人工智能之父"，这个暑期研究活动也因为为人工智能奠定了最初的理论基础和主要研究方向而闻名遐迩。今天，在达特茅斯学院的贝克图书馆里，你可以看到一块高悬的匾额，纪念着人工智能在这里开始作为一门正式学科。

第二章　八仙过海

　　如何从机械手到智能机器人，数百年来的思想家、发明家、科学家们，纷纷给出了自己的思考、理论、发明和创造，可谓是八仙过海各显神通，百花齐放百家争鸣。从让机器识文断字到让机器学数学，从专家系统到知识图谱，从生物学的启发到向大自然学习，一个个争奇斗艳的故事让我们脑洞大开，叹为观止。

2.1
让机器识文断字

　　人工智能早期探索的一个方向，就是想要找到一种能够让机器识文断字的方法。我们知道，人类的多种智能都与语言文字有着密切的联系。人类的逻辑思维以语言为形式，人类的绝大部分知识也是以语言文字的形式记载和流传。因而，它也是人工智能的一个重要甚至核心的部分。

　　实现人机间自然语言通信意味着要使计算机既能看得懂文字，理解其中的意思，又能以自然语言的形式来表达给定的意思和想法等。前者称为自然语言理解，后者称为自然语言生成，合起来就是自然语言处理。当然这是从让机器认字开始的。

　　最早的探索是从字符识别开始的。早在20世纪五六十年代，字符识别系统的研究就已经取得了很大成果，这个领域被称为光学字符识别。它可以让打印在纸上的固定字体的字符被机器识别出来。

　　当时很成功的一种方法，就是由斯坦福研究所开发出的对于带有磁性的墨水打出的字符的自动识别。打印在支票上的带有磁性墨水的字符通过专用的扫描

◆支票

$$1234567890 \text{ ⑆ ⑈ ⑇ ⑉}$$

◆磁性墨水的字符

设备，可以被准确地采集下来，传给计算机系统，再和一个模板字符库里的字符进行比对，从而实现识别出每一个支票上的字符。1959年，美国银行开始正式采用这套系统处理银行的支票业务，不久各个银行也纷纷采用，并且一直沿用至今。

虽然这个系统十分成功并被广泛应用于银行系统，但作为文字识别，它的局限性是十分明显的。为了识别出一个字符，这个字符必须用磁性墨水打印出来，并且必须具有固定字体和格式大小。任何手写体或不是用磁性墨水打印出来的文字，系统都无法识别。

1960年，两名科学家发表了一篇论文，提出了通过图像处理、图像特征提取和概率方法的运用来识别手写字符。其方法可以简单地概括成几个步骤：首先把写有字符的纸进行扫描，形成一个由0和1组成的二进制码的像素位图；然后对这样的图像进行清理，把明显是"杂音"的数位去除，把字符的笔画加粗强化，让字符更清晰和突出；接下来对笔画特征进行分辨和提取，检查字符笔画中有没有横竖撇捺，有没有交叉和闭环等特征，并且给字符中每一个识别出来的特征一个概率值，称为权重值，来反映这一特征相对于其他特征的重要程度，从而区分出不同字符间相似的笔画。整个过程分步骤一层一层地从初始处理分辨向进一步抽象特征提取汇总，得出这个字符不同于其他字符的特征，继而决定出这是一个什么字符。

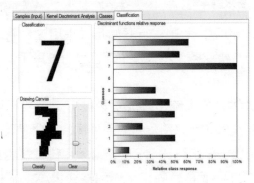

◆字符特征提取

对特征权重值的确定，是通过使用大量训练用的字符图像让系统进行学习而最终确定的。经过训练后，系统就可以开始识别任何新的字符图像。根据算法提出者的介绍："用这种方法，系统在训练后对字符的识别和人工识别的正确率相比只有大约百分之十的不同。"在当时的技术条件下，这样的结果相当令人鼓舞。

其实，这种方法和现在的字符识别方法十分相近，已经呈现出今天神经网络技术应用的雏形。而字符识别更为后来更加复杂的图像识别开辟了道路，这种技术被称为模式识别，所谓模式就是一幅图像或一组数据所具有的各种特征的总和。比如说，一张人脸一定是具有五官，五官就成为人脸的一个特征模式，可以用来与房子汽车等其他物体区别。当然，你会说猫也有五官呀，你怎么能确定这张脸是人脸而不是猫脸呢？的确如此，所以五官只是作为人脸的一个特征模式，还需要结合其他特征才能区别于其他动物的脸。而在实际应用中的技术，也远比我们这里讲的要复杂，这里只是一个大概的原理性说明。

字认识了，那如何让机器理解意思呢？换句话说，就是机器如何来掌握文字所表达的知识和内容呢？自然语言和对话在各个层次上广泛存在着各种歧义性或多义性。一篇中文文章从形式上看是由汉字（包括标点符号等）组成的一个字符串。由字可组成词，由词可组成词组，由词组可组成句子，进而由若干句子组成段、节、章、篇。无论在上述的哪个层次上，还是在下一层向上一层转变中，都存在歧义和多义现象，即使是形式上一样的一段文字，在不同的场景或不同的语境下，也可以理解成不同的词串、词组串等，并表达不同的含义。

一般情况下，它们中的大多数问题可以根据相应的语境和场景的规定而得到解决，这也就是我们平时并不感到理解一句话有什么困难的原因。但是让计算机来理解相应的语境和场景，需要极其大量的知识和复杂的推理。如何将这些知识较完整地加以收集和整理出来，又如何找到合适的形式，将它们存入计算机系统中去，以及如何有效地利用它们来消除歧义，就成为人工智能研究的又一大课题，叫作自然语言处理。

1968年，一个叫奎林的卡内基梅隆大学的学生，对用计算机表达人类思维活动，特别是记忆的组织方式，十分感兴趣。他提出了一种以网络格式表达人类知识构造的形式，用于描述物体概念与状态及其相互间的关系，被称作语义网络。语义网络由结点和结点之间的弧组成，结点表示概念（事件、事物），弧表示它们之间的关系。在数学上，语义网络是一个有向图，与逻辑表示法对应。

语义网络是一种用图来表示知识的结构化方式。在一个语义网络中，信息被表达为一组结点，结点通过一组带标记的有向直线彼此相连，用于表示结点间的关系。最开始，它是作为人类联想记忆的一个明显公理模型被提出，随后被用于人工智能中的自然语言理解。

语义网络的一个重要特性是属性继承。凡用有向弧连接起来的两个结点有上位与下位关系。例如，"兽"是"动物"的下位概念，又是"虎"的上位概念。所谓属性继承，指的是凡上位概念具有的属性均可由下位概念继承。在属性继承的基础上，进行推理就方便得多。语义网络可以深层次地表示知识，直接而明确地表达概念的语义关系，模拟人的语义记忆和联想方式，为知识的整体表示、检索和推理提供基础。

有了模式识别技术为主的文字识别和语义网络技术为主的文字理解，机器识文断字就成为现实。如今，手机的"扫一扫"功能、自动翻译软件、专家系统和知识库建立的背后，都有这些技术的身影。

2.2
让机器学数学

英国哲学家和逻辑学家约翰逊曾说过："就像机器能省体力一样，符号演算能省脑力。演算越完美，付出的脑力就越少。"让机器学数学一直是人工智能学者们的追求，这不仅是因为让机器完成定理证明可以极大地节省人的脑力，更是因为数学是人工智能技术的核心基础。在人工智能的应用中，无论是专家系统、知识表示还是知识库，定理证明都是它们的基础。

要想了解自动机器证明的起源，先要知道在数学哲学领域里的三大学派，逻辑主义、形式主义和直觉主义。

◆伯特兰·罗素

逻辑主义的代表人物是英国哲学家和逻辑学家伯特兰·罗素。他出身贵族，祖父曾两次出任英国首相。罗素曾因《哲学问题》一书获得诺贝尔文学奖，他的逻辑主义主旨是把数学归约到逻辑，这样只要把逻辑问题解决了，数学问题自然也就解决了。

形式主义的主导人是德国著名的数学家大卫·希尔伯特，他有着"数学界的无冕之王"的称号。他于1900年8月8日在巴黎第二届国际数学家大会上，提出了20世纪数学家

◆大卫·希尔伯特

应当努力解决的23个数学问题，被认为是20世纪数学的制高点。希尔伯特对这些问题的研究，有力地推动了20世纪数学的发展，在世界上产生了深远的影响。他的主张是把数学形式化，数学过程就是把一串符号变成另一串符号。

直觉主义的代表人物是荷兰数学家鲁伊兹·布劳威尔，其根本观点是关于数学概念和方法的可构造性，他认为数学的理论基础不是集合

◆鲁伊兹·布劳威尔

论，而是自然数论。直觉主义的一个著名口号是"存在必须可构造"。在人工智能领域，逻辑主义和形式主义成为两大对立的理论基础，直接影响着技术的方法和发展的方向。

自动定理证明起源于逻辑，初衷就是把逻辑演算自动化。所谓自动化其实就是能编一个程序让计算机来帮助人去证明数学定理。第一个写出这样一个程序的人是美国数学家和逻辑学家戴维斯，他在1954年完成了第一个定理证明程序。戴维斯是个天才，二十二岁就博士毕业。2008年，他接受采访时说，

大脑就是机器。言外之意是"机器可以成为大脑"。

　　然而在人工智能历史上自动定理证明更出名的原创是有着"人工智能之父"之称的纽厄尔和西蒙的"逻辑理论家"。这个叫"逻辑理论家"的程序把罗素的《数学原理》中的大部分命题逻辑定理都证明了一遍。有意思的是，当他们兴致勃勃地想把这一成果发表在逻辑学最重要的学术刊物《符号逻辑杂志》上时，竟然遭到了退稿，理由是把一本过时的逻辑书里的定理用机器重新证明一遍没有任何意义。虽然现实有时是残酷的，但历史是公正的。事实证明，"逻辑理论家"中首创的"启发式"程序，对人工智能、心理学等都有着重大的意义。

　　自动定理证明的另一种方法就是数学中形式学派的项重写。所谓项重写，我们举个例子简单说明一下。乘法的分配律a（b+c）→ab+ac中，"→"左边的公式被重写成右边的公式。其重写规则就是单向的方程，证明就是将一串公式重写成另一串公式。当然，这只是一个十分简单的说明，真正的方法远比这抽象和深奥。项重写从20世纪70年代开启了自动定理证明又一个思路和方法，为人工智能技术打下了理论和实践的基础。概括地说，无论是逻辑学派的把数学问题归约到更基本的逻辑问题，还是形式学派的用一套规则不断地变换给定的公式直到显性的形式出现，定理证明的过程都是一个规约（简化）的过程。自动定理证明就是研究这个数学过程的自动化。

在这方面的研究中还有中国数学家的身影。出生于山东济南的王浩博士就是逻辑学派定理证明的先驱，中国科学院院士吴文俊则是形式学派中几何定理证明的领军人物。吴文俊常喜欢用"数学机械化"来描述他的工作。

◆王浩　　　　　　　　◆吴文俊

美国数学家和哲学家维纳曾经说过："人脑在贬值，至少人脑所起的较简单较具有常规性质的判断作用将会贬值。"我们小学里算术很难解决的问题，到了中学用代数方法建个方程式就可以很容易地解决了。所以笛卡尔认为，代数使得数学机械化，因而使得思考和计算步骤变得容易，无须耗费很大脑力。人工智能正是这种机械化的一个成果和代表。在人工智能技术中的所有符号派的基础都是定理证明，例如"知识库"就是"公理集合"，"规则库"就是"支持集"，"推理引擎"更是直截了当的应用。今天流行的知识图谱的基础也是定理证明技术。

数学是一切科学的科学，是一切科学的基础，也是这个世界乃至宇宙最抽象的本质的描写。目前以电子计算机为基础的人工智能技术，其核心理论和基础就是数学。无论文字、声音、图像还是知识、理论、技术，当进入人工智能系统，一切都是数据和对数据的各种不同方法的数学处理。所以让机器学数学是人工智能的开始，也是人工智能的终结。没有数学，就没有人工智能，就没有智能机器人，人类也就难以解放自己、走向未来!

2.3
从专家系统到知识图谱

虽说人工智能的基础是数学，但很多人工智能界的名人完全不是学数学出身。最早开发人工智能专家系统的两位专家就没有一位是学数学的。其中一位和工科沾点边的费根鲍姆，本科读的是电气工程。大三的一门"社会科学的数学模型"课程改变了他的人生轨迹，教这门课的正是有着"人工智能之父"之称的西蒙。费根鲍姆本科毕业后，直接就去了西蒙任院长的工业管理研究生院攻读博士，可见名师的影响力之大。毕业后，他来到了美丽的加州旧金山湾区。1962年，人工智能学科创始人麦卡锡组建斯坦福大学计算机系，费根鲍姆就投到了他的门下。所以，第一个专家系统出自费根鲍姆之手就不足为奇了。

什么是人工智能的专家系统呢？用一句话说，专家系统就是一种模拟人类专家解决专业领域问题的计算机程序系统。一个学工业管理的博士是怎样想到开发一套专家系统的呢？这套系统又是模拟哪位人类专家解决什么专业领域问题的呢？这就引出了另一位专家李德伯格。李德伯格可是一个获得过诺贝尔生理学或医学奖的泰斗级专家，在斯坦福大学医学院做遗传学系主任。费根鲍姆于1964年在斯坦福大学高等行

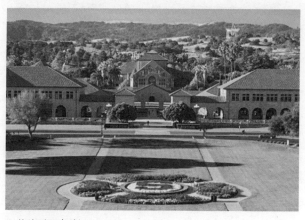

◆斯坦福大学

为科学研究中心的一次会议上认识了李德伯格。交谈中，两人对科学哲学的共同爱好促成了他们漫长而富于成效的合作。

当时，李德伯格正在研究太空生命探测，就是用质谱仪分析火星上采集来的数据，看看火星上有没有可能存在生命。而费根鲍姆正在研究机器归纳法，就是现在的机器学习。他们俩，一个有数据，一个搞工具，一拍即合。这无疑是个跨学科的合作，其实人工智能本身就是一门几乎跨越所有学科的学科。作为泰斗级专家的李德伯格自然是合作的领导者，费根鲍姆带领的计算机团队的任务就是把专家的思路算法化。这一"化"就"化"了五年时间。在这个过程中，其实还有一个人加入，他就是身为化学家兼作家的翟若适，因为费根鲍姆在研发系统时发现，李德伯格是遗传学家，对化学并不真懂。三个人的合作成果就是世界上第一个专家系统DENDRAL。当你输入频谱仪的数据到这个系统，系统就会输出给定的化学结构。据说这个专家系统输出的结果，常常比翟若适的学生手工做出来的结果还准。

专家系统的核心问题就是如何把专家的知识构建成一个数据和规则的系统，具体地说就是如何来表达知识和在知识表达的基础上通过推理和运用规则让问题找到答案。逻辑是知识最方便的表示语言，一个逻辑学里常用的著名例子就是，"人都是要死的，苏格拉底是人，所以苏格拉底是要死的"。这句话可以用一个逻辑形式抽象地表达出来，被称为一阶逻辑，也叫"谓词逻辑"。知识表示的一个核心问题就是找到一个一阶逻辑的可判断的子集。

知识表示的另一个来源是心理学和语言学。例如，概念的上下层继承关系最方便的表达方式是树而不是一阶逻辑。心理实验表明，人在回答"金鱼离开水还能活吗？"要比回答"鱼离开水还能活吗？"花的时间长，因为要做一个"金鱼是鱼"的推理。这就催生了认知科学的起源。人工智能专家明斯基提出了一个所谓"框架"的概念。框架就是类型，把知识概念类型化，金鱼是鱼，所有鱼的特性自动传给金鱼。框架后来成为面向对象程序的设计哲学，现在流行的程序设计语言C++，Java和Python都受此影响。

1978年，日本决定研发当时世界上尚无人研发的第五代计算机，这是日本雄心勃勃地从制造大国向经济科技强国转型计划的一部分。电子计算机的发展经历了第一代的电子管计算机、第二代晶体管计算机、第三代集成电路计算机和第四代超大规模集成电路计算机几个阶段。日本的第五代计算机研究计划引起了一场世界计算机赶超狂潮。美国政府决定联合多家高科技公司在得克萨斯州大学建立微电子和计算机技术公司，以抗衡日本。费根鲍姆提议，建立美国的国家知识技术中心，把人类有史以来的知识建库。他的学生雷纳特受到了推荐，来到了得克萨斯州大学的微电子和计算机技术公司。当时，这个具有数学和物理学背景、有着人工智能博士学位的年轻人已经是人工智能领域里的一颗新星。

来到得克萨斯州的雷纳特早已胸有成竹，要建立一个百科全书式的知识库，他把这个项目命名为Cyc，取自"百科全书"英文单词拼写的中间三个字母。这就是最早的知识图谱。雷纳特坚定地支持他的老师费根鲍姆的知识原则：一个系统之所以能展示高级的智能逻辑和行为，主要在于所从事的领域所表示出来的特定知识，这包括概念、事实、表示、方法、比喻和启发。他认为，"智能就是一千万条规则"。

专家系统到知识图谱，从应用的角度看就是一个问答系统。这个问答系统可分成三个部分，第一部分是问题理解，第二部分是知识查询，第三部分是答案生成。这三部分相辅相成，第一、三部分是自然语言处理的工作，它们通过知识图谱被有机地整合在一起，知识图谱是核心。当知识图谱足够大的时候，它回答问题的能力是十分惊人的。

今天的维基百科实际上就是一个知识图谱，它可以回答各式各样的问题。2011年，国际商业机器公司开发了一个可以用自然语言和人交流的问答系统——沃森，并让它参加美国的电视智力竞赛节目《危险边缘》。在节目中，它战胜了当时的传奇冠军参赛者肯·詹宁斯和布拉德·鲁特，赢得了一百万美金。《危险边缘》对于计算系统是一个巨大的挑战，因为它涉及学科广泛，涵盖了历史、文学、政治、艺术、

◆美国的电视智力竞赛节目《危险边缘》

娱乐和科学等广泛主题，选手们要在很短的时间内提供正确答案。

　　更困难的是，主持人提出的问题中会包含反语、双关语、谜语和一些意思深奥的微妙的表达方式，让计算机领会这些表达方式相当困难。沃森之所以能够应付这种"狡猾"的试题，主要依靠的是它对自然语言的理解和高速的计算。

　　当沃森被问到某个问题时，100多种运算法则会通过不同的方式对问题进行分析，并给出很多可能的答案，而这些分析都是同时进行的。在得出这些答案之后，另一组算法会对这些答案进行分析并给出得分。对于每个答案，沃森都会找出支持以及反对这个答案的证据。因此，这数百个答案中的每一个都会再次引出数百条证据，同时由数百套算法对这些证据支持答案的程度进行打分。证据评估的结果越好，沃森树立的信心值也就越高。而评估成绩最高的答案会最

终成为电脑给出的答案。但在比赛中，如果连评估成绩最高的答案都无法树立足够高的信心值，沃森会决定不抢答问题，以免因为答错而被扣分。而这所有的一切计算、选择与决策，都在3秒钟之内完成。

"沃森"的名字是为了纪念国际商业机器公司（IBM）的创始人托马斯·沃森先生，它是IBM公司25个科研工作者用了4年的时间研究出的成果。沃森评估了大约2亿页的内容。在回答问题的时候，沃森是完全自给自足的，也就是说不需要和网络连接，沃森的技术可以理解自然语言的提问，分析数以百万计的信息碎片，并且根据它们寻找到的证据，提供最佳答案。沃森的胜利标志着人工智能专家系统和知识图谱达到了一个十分高的水平，这是对人类智能的一个挑战。

2.4
生物学的启发

出生在美国底特律的皮茨，是个传奇人物。他出身贫寒，但绝顶聪明，从小自学成才，12岁就写信给大名鼎鼎的逻辑学家罗素，讨论罗素《数学原理》一书中的问题。罗素欣赏他的才华，邀请他去英国剑桥大学跟他学逻辑，可一贫如洗的皮茨哪里有钱远渡重洋去英国读书呢。幸运的是，在他15岁那年，罗素来美国的芝加哥大学演讲，后来又做了客座教授。皮茨就跑去做了他的没有学籍的学生，靠着给学校打零工维生。

恰巧不久，神经生理学家和控制论专家麦卡洛克来芝加哥大学，认识了皮茨。既是出于对皮茨处境的同情，又是出于对他才华的喜爱，麦卡洛克邀请皮茨来他家和他一起生活。麦卡洛克是皮茨父亲这般年龄，所以有人称他是皮茨的养父。每天晚上回到家中，茶余饭后，他们就会开始他们的倾心合作。麦卡洛克是神经科学的专家，但不懂数学。皮茨这个当时只有17岁的流浪数学票友就成他的绝配。不久，他们的合作成果就出来了——《神经活动中思想内在性的逻辑演算》，发表在《数学生物物理期刊》上，成为神经网络的开山之作。

生物神经网络主要是指人脑的神经网络。人脑是人类思维的物质基础，思维的功能定位在大脑皮层，后者含有大约100亿个神经元，每个神经元又通过神经突触与其他神经元相连，形成一个高度复杂且灵活的动态网络。生物神经网络主要研究人脑神经网络的结构、功能及其工作机制，意在探索人脑思维和智能活动的规律。

人工神经网络是生物神经网络在某种简化意义下的技术复现。它是指根据生物神经网络的原理和实际应用的需要建造一个人工的神经网络模型，模仿生物神经网络的行为特征，建立起分布式并行信息处理算法的数学模型。这种网络依靠系统的复杂程度，通过调整内部大量节点之间相互连接的关系，来达到处理信息的目的。

神经网络研究的另一个突破是在1957年。美国康奈尔大学的实验心理学家罗森布拉特，在一台IBM-704计算机上，模拟实现了一种他发明的叫作"感知机"的神经网络模型。这个模型可以完成一些简单的视觉处理任务，这引起了巨大的轰动。各大媒体纷纷以头版头条发表了这一抢眼新闻：人类发明了一台可以模拟大脑的机器。

感知机是生物神经细胞的简单抽象。神经细胞结构大致可分为树突、突触、细胞体及轴突。单个神经细胞可被视为只有两种状态的机器——激活时为"是"，而未激活时为"否"。

神经细胞的状态取决于从其他神经细胞收到的输入信号量及突触的强度（抑制或加强）。当信号量总和超过了某个阈值时，细胞体就会被激活，产生电脉冲。电脉冲沿着轴突并通过突触传递到其他神经元。为了模拟神经细胞行为，与之对应的感知机基础概念被提出，如权量（突触）、偏置（阈值）及激活函数（细胞体）。

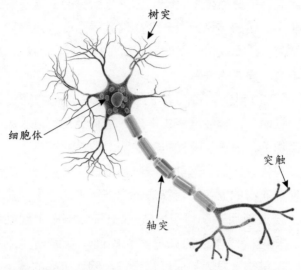

树突

细胞体

突触

轴突

◆神经细胞示意图

罗森布拉特发明的感知机以此为借鉴，发展了一种迭代、试错，类似于人类学习过程的学习算法——感知机学习。感知机除了能够识别出现较多次的字母，也能对不同书写方式的字母图像进行概括和归纳。但是，罗森布拉特发明的感知机有一个严重的缺陷，即它是一个单层二元分离器，不能处理需要多层神经网络才能解决的复杂的模式识别问题。没能够及时推广感知机学习算法到多层神经网络上，这造成了人工神经领域发展的大起大落和长年停滞。

1959年，两位美国工程师维德罗和霍夫提出了"自适应线性元件"，它是感知机的变化形式，也是机器学习的鼻祖模型之一。它与感知机的主要不同之处在于，它的神经元有一个线性激活函数，允许输出任意值，而不仅仅只是像感知机那样只能取0或1，从而丰富了模式的联想。

1974年，哈佛大学的沃波斯写了一篇博士论文，证明了在神经网络中多加一层神经元可以大大改善其功能，解决了感知机的缺陷。他首次给出了利用"反向传播算法"来训练一般网络的学习算法，这就是现在流行的监督学习算法，常被用来训练多层感知机。沃波斯后来获得了IEEE（电气和电子工程师协会）神经网络学会的先驱奖。然而，沃波斯生不逢时，这篇文章发表的时候正是神经网络研究的低谷，所以并没有引起多少人的注意。

当今有个热门的词叫"深度学习"。神经网络由一层一层的神经元构成，层数越多就越深，所谓深度学习就是用很多层神经元构成的神经网络实现机器学习的功能。加拿大科学家辛顿是反向传播算法和对比散度算法的发明人之一，也是"深度学习"的积极推动者，他于2006年发表的一篇文章开辟了这个新领域。经过他改进的算法能够对七层或更多层的深度神经网络进行训练，这让计算机可以渐进地进行学习。随着层数的增加，学习的精确性也得到提升，同时该技术还极大地推动了非监督学习的发展，让机器具备"自学"的能力。辛顿在英国剑桥大学主修的是实验心理学，获得的是文学学士学位。此后他又在爱丁堡大学主修了人工智能，获得了哲学博士学位。人工智能的专家们都是跨学科的"大神"！

2012年，斯坦福大学人工智能实验室主任、华裔科学家吴恩达和谷歌合作建造了一个当时最大的神经网络，这是谷歌X实验室的一个计划。世界上第一个能够让机器识别"猫"的人就是吴恩达。他领导谷歌的科学家，用16 000台计算机模拟人脑搭建了一个神经网络，并向这个网络展示了1000万段从网络上随机选取的视频。结果，这个系统在没有外界干涉的条件下，自己认识到"猫"是一种怎样的动物，并成功找到了几乎所有猫的照片，识别率为81.7%，成为"深度学习"领域的经典案例。

吴恩达曾于2014年加入百度，成为百度首席科学家，全面负责百度研究院，参与"百度大脑"计划。"百度大脑"融合了深度学习算法、数据建模、大规模GPU（图形处理器）并行化平台等技术，模拟神经元参数超过200亿个。这无疑是一个"烧钱"的计划，但想想当年的阿波罗计划，冯·布劳恩为了少年时期的梦想，先后鼓动两个国家倾举国之力支持其航天梦想，耗时十余年打下了硅谷的基础，间接成就了今天的世界。正是因为不断有人追寻自己的梦想，

并为之倾注毕生精力，人类才能不断超越自己，走向
未来！

2.5
向大自然学习

　　生物进化是人类最早着迷并探索的问题之一。著
名的英国生物学家达尔文为了揭开这个谜，于1831年
乘坐英国军舰"贝格尔"号作了历时5年的环球航行，
对动植物和地质结构等进行了大量的观察和采集，出
版了《物种起源》。他提出了生物进化论学说，成为
进化论的奠基人，其理论也被誉为"19世纪自然科学
最伟大的三大发现之一"（另外两个是细胞学说和能
量守恒转化定律），是对人类的杰出贡献。

　　达尔文生物进化论的核心，就是生物的进化规
律。概括地说，就是物竞天择，适者生存，优胜劣
汰。我们已经看到人工智能研究领域里的专家们来自
各个学科和领域，可谓是"八仙过海，各显神通"，

这自然也少不了有人向大自然学习和借鉴。于是，有人想到了用自然进化过程中通过遗传优化来改进物种的遗传算法。它是一种模拟达尔文生物进

◆约翰·霍兰德

化论的自然选择和遗传学机理的生物进化过程的计算模型，是一种通过模拟自然进化过程搜索最优解的方法。它的发明人叫约翰·霍兰德。

　　本科毕业于美国麻省理工学院物理专业的霍兰德，没有直接去读研究生，而是去了IBM公司，老板是人工智能创始人达特茅斯会议策划人之一的罗切斯特。在为IBM工作期间，霍兰德申请了密执安大学的研究生。就在霍兰德着手准备写关于代数和逻辑的博士论文时，他认识了正要组建密执安大学计算机科学系的伯克斯博士。伯克斯博士的计划深深吸引着霍兰德，于是他变成了伯克斯的学生，并由此成为历史上第一个计算机科学博士。

　　霍兰德曾经说过，如果一个人在早期过深地进入一个领域，可能会不利于吸收新的思想。对于他来说，进化论和遗传学都是新的思想。他最喜欢读的一本书就是英国统计学家费舍写的《自然选择的遗传理

论》。该书把孟德尔的遗传理论和达尔文的自然选择结合起来，给了霍兰德启发，进化和遗传是族群学习的过程，机器学习可以此为模型。遗传算法就这样诞生了。

遗传算法是从代表问题可能潜在的解集的一个种群开始的，而一个种群则由经过基因编码的一定数目的个体组成。每个个体实际上是染色体带有特征的实体。染色体作为遗传物质的主要载体，即多个基因的集合，其内部表现是某种基因组合，它决定了个体的形状的外部表现，如黑头发的特征是由染色体中控制这一特征的某种基因组合决定的。

遗传算法基于生物学，首先是建初始状态，初始种群是从解中随机选择出来的，将这些解比喻为染色体或基因，该种群被称为第一代。然后评估适应度，对每一个解（染色体），根据问题求解的实际接近程度来指定（以便逼近求解问题的答案），指定一个适应度的值。这些"解"还不是问题的"答案"。下一步是进行繁殖，带有较高适应度值的那些解更可能产生答案（后代）。"后代"是"父母"的产物，它们由来自"父母"的基因结合而成，这个过程被称为"杂交"。产生下一代，如果新的一代包含一个解，能产生一个充分接近或等于期望答案的输出，那么问题就解决了。如果情况并非如此，新的一代将重复它们"父母"所进行的繁衍过程，一代一代演化下去，直到产生期望的解为止。

安德鲁·巴托在霍兰德手下拿到博士学位以后就来到麻省大学计算机系教书，当时的麻省大学可是人工智能的重镇。但当时神经网络研究正一蹶不振，所以巴托也很低调，把自己的实验室命名为"可适应系统"，听起来好像和神经网络没有任何关系。巴托的第一个博士生叫理查德·萨顿。萨顿本科在斯坦福大学修的是心理学，研究动物怎么适应环境。和霍兰德不同，巴托和萨顿关心的是更原始也更抽象的可适应性。他们认为，一个刚出生的孩子怎么可能自主学习适应环境呢？他根本无从知道好坏呀。所以他的学习一定是通过学习过程中的奖惩得到进步的，由此强化对外界的认知。这就是巴托和萨顿共同提出的强化学习的原始思想。

◆安德鲁·巴托　　◆理查德·萨顿

强化学习还有两个理论基础，一个是马尔科夫决策过程，另一个是动态规划。强化学习是智能体以"试错"的方式进行学习，通过与环境进行交互获得的奖赏指导行为，目标是使智能体获得最大的奖赏。强化学习不同于监督学习，主要表现在强化信号上。强化学习中由环境提供的强化信号是对产生动作的好坏作一种评价，而不是告诉强化学习系统如何去产生正确的动作。由于外部环境提供的信息很少，强化学习系统必须靠自身的经历进行学习。通过这种方式，强化学习系统在行动评价的环境中获得知识，改进行动方案以适应环境。

遗传算法和强化学习有一个共同点，那就是效果要等到多步以后才能看到，这也是它们和监督学习的主要不同。这就要求尽可能多地访问所有的状态，效率当然会受到影响。所以强化学习作为机器学习的一个分支一直不受重视，毕竟理论先进不代表实际可行。当年计算机硬件的计算能力和存储能力以今天的眼光来看是十分有限的。所以今天大红大紫的遗传算法和强化学习，在发明之初可谓是曲高和寡。

2016年3月9日，一场划时代的人机围棋大战在韩国举行，挑战人类的是谷歌公司2014年开始研发的人工智能围棋程序阿尔法狗，和机器对弈的是围棋世界冠军李世石。鏖战七天，五大回合，风云滚滚，举世瞩目。最终阿尔法狗以4比1大胜李世石，宣告了人类在围棋人机大战中失败，这成为人工智能超越人类智能的一大例证。决定阿尔法狗最终胜利的核心算法就是强化学习。一夜之间，强化学习变得炙手可热，遗传算法也跟着沾了光。其实，是计算机硬件的计算能力和存储能力的飞跃成全了它们。

从强化学习的发明到登堂入室，三十年过去了，这是一个人学术生涯的全部。巴托已经退休，他的学生们也已是夕阳晚红。萨顿后来到加拿大教书，2007年被谷歌收入旗下。今天，当年还是学生的孩子们生正逢时，人工智能阳光灿烂的日子让他们赶上了。希望年轻学子继往开来，各领风骚更向前。

2.6
贝叶斯给人工智能导航

大家一定都有这样的体会，当我们需要对一件事情做出决定的时候，常常会因为一些我们不能确定的因素而不能十分肯定。由于未知因素的存在和影响，几乎所有的推论和决策都会面临一个不确定性的问题，人工智能也不例外。让机器在有限条件下做出判断的一个核心问题就是如何处理不确定性。如何解决这一问题呢？数学中的一个分支，概率统计学，因此出现在了人工智能领域里，扮演起不可或缺的角色。作为概率统计学之父的贝叶斯和他著名的贝叶斯公式就自然而然地成为人工智能的一大基石。

◆托马斯·贝叶斯画像

说起贝叶斯，他的全名叫托马斯·贝叶斯。他其实不是一名数学家，而是一名英格兰长老会的牧师。他为了证明上帝的存在，业余时间研究数学，发明了概率统计学原理。他的研究和对数学的贡献让后人承认和接受他为一名数学家，而他牧师的真正身份反倒被人们忽略。

在证明上帝的存在时，贝叶斯遇到了一个棘手的难题，就是无法获得完整的信息。如何处理部分未知的信息和条件让他大伤脑筋。白天，他一边忠心耿耿地服务于他的上帝，兢兢业业地完成他的教职，一边冥思苦想；晚上，他烛灯燃尽，伏案执笔，写写画画，推导论证。遗憾的是，到死他也没有能够证明上帝的存在，但他的研究却创造了概率统计学的原理。他发明的贝叶斯公式更是成为处理这类不确定性问题的金钥匙，冥冥之中成了后来人工智能的一大基石。

那贝叶斯公式是怎样的呢？它又是怎样解决不确

定性问题的呢？贝叶斯公式写出来是这样的：

$$P\ (D_j|x) = \frac{P\ (x\,|\,D_j)\ P\ (D_j)}{\sum_{i=1}^{n} P\ (x\,|\,D_i)\ P\ (D_i)}$$

这里 P 代表一个事件（我们用 D_j 来表示事件）发生的可能性有多大，我们称之为 D_j 发生的概率。事件 D_j 是全体事件（我们用 x 来表示）中的一个随机抽取的样本。

贝叶斯公式是怎样帮到我们的呢？它允许我们通过猜测或以前的概率统计数据来间接地计算出我们现在所要的可能性推断。

假设我们知道事件以前发生的概率 $P\ (x=A)$ 和 $P\ (x=B)$，我们就只需要计算出在 $x=A$ 和 $x=B$ 时的 $P\ (y|x)$。$P\ (y|x)$ 被称为在给定的 x 下 y 的可能性（说得专业一点叫似然率）。具体运用贝叶斯公式的计算过程我们就不在这里介绍了，等你有机会学习概率统计学时，你的老师一定会详细讲授给你的。

这是不是有一点烧脑？不然贝叶斯也不会因此成为举世公认的数学家，他大名鼎鼎的贝叶斯公式也不可能成为今天人工智能的一大基石。简单地说，贝叶斯公式就是在已知的先验概率的基础上，计算出可能发生的后验概率，根据后验概率的大小为决策提供依据。

在人工智能研究中一些专家们意识到，生活中的很多事情都不是纯粹的，很多问题并不具有明确的界限和肯定的分类，模棱两可的情况仅靠逻辑推导和代数计算很难得到有效的结果，对于这些不确定和含混模糊的问题只能依靠概率的方法来给出合理的答案。1985年，美国加州大学洛杉矶分校计算机科学教授珀尔，基于贝叶斯公式在解决不确定因素中的主导作用，系统地提出了模拟人类推理过程中因果关系的不确定性处理的一种概率图模型，称为贝叶斯网络。在他的带领和研究下，以贝叶斯公式为核心的贝叶斯网络成为一整套理论和方法，在人工智能中得到广泛应用，特别是在语音识别和图像识别问题上提供了良好的解决方案，推动了人工智能技术的飞跃发展。

　　1742年，贝叶斯因为他卓著的研究成果被接纳为英国皇家学会的会员，他的两部著作《机会问题的解法》和《机会的学说概论》在他逝世后广受重视，影响至今。虽然他没能用他聪明睿智的数学理论和方法证明出上帝的存在，但他的理论却让人工智能成为可能并迅速发展。当机器具有了人一样的智能时，会不会成为对抗人类和主宰人类的上帝呢？今天，科学家、社会学家、哲学家和政治家们都在担忧和讨论这一事关人类命运的新问题。

第三章 阳光灿烂的日子

　　1968年，斯坦福研究院在美国国防部的资助下开发出了载入史册的第一个智能移动机器人，当这个名叫 Shakey 的机器人摇摇晃晃地在房间和走廊中缓缓穿行时，智能机器人技术正式进入了一个历史新时代。可这背后的发展历程和技术创新又有多少人知道呢？

3.1
给机器一双慧眼

曾经有一部电视剧《疑犯追踪》，描述了利用无处不在的摄像头，追踪抓捕罪犯的场景。21世纪的今天，影视剧里面的科幻场景已经应用到了我们生活当中。中国的天网工程取意于"天网恢恢，疏而不漏"，是全世界独一无二的工程，它将城市报警和监控系统一体化。经常坐高铁出行的朋友可能会注意到，火车站里面有一个特别长的摄像头，其实那就是根据天网计划专门设置的超清摄像头，这款摄像头可以清晰地捕捉到动态的面部特征，并且迅速地和公安系统信息库储存的信息对比。最重要的是，面对如此庞杂的信息，整个系统的处理过程，不超过10秒钟。天网工程的核心技术就是人工智能中的计算机图像处理与识别技术。

◆公共场所的摄像头

一个图像处理与识别系统主要包括图像采集系统、图像处理系统和图像识别系统三大部分。我们平常看到的各式各样的摄像头就是图像采集系统的最主要的部分，通过它，图像被动态地采集下来，传给后台的计算机系统去存储和处理。被采集的图像由于天气、时间、光线和各种干扰因素，图像质量可能会参差不齐，所以先要经过处理，让图像变得清晰干净和具有统一的质量和格式，才好用于识别处理，这就是图像处理系统的工作。处理好的图像就会被送进图像识别系统，进行各种有针对性的图像识别工作。例如需要寻找某一个人，图像识别系统就会把图像中识别出来的每一个人和数据库里的人像资料进行比对查找，这就是我们常常所说的人脸识别。目前，人工智能技术对人脸识别的准确度已经超过了人类的平均水平。

图像识别技术的核心是模式识别。所谓模式识别，说得通俗一点，就是把一个事物的特点和特征找出来。任何事物，无论是人和动植物，还是汽车房子和机器，在外观上都有与众不同之处，可以进行分类，一个类就是一个模式。打个比方，到目前为止所有的汽车都基本上是长方形底盘和有不少于四个轮子（四轮以下的车是摩托车、三轮车或独轮车），这个特征就是汽车的一个模式。当图像被识别出有这样一个模式，系统就可以初步认定这是一辆汽车。这样就可以做到"物以类聚，人以群分"。

图像识别技术的研究早在20世纪50年代就已经开始，最早是试图对印在纸上的字母和数字通过扫描后生成的黑白图像进行识别。概率统计的方法和神经网络在早期也已经被用来进行识别，其提供了在图像中不同特征的统计分布和概率特征，并且以层次方式分别提取的方法，加大提取效率，强化特征本质，从而作出判断。对照片图像的识别开始于对军事侦察拍摄目标的识别，用来指出目标图像是哪一种军事设施，例如坦克、飞机或大炮等。但限于当时光学摄像技术和计算机处理能力的不足，图像识别技术还只是对黑白照片上的二维图像进行比较粗糙的大概特征的识别，不能做到更精细的细部分析和三维立体图像的有效识别。

20世纪60年代初，坐落在硅谷的全景研究公司开发出了最早的人脸识别方法，通过对人脸五官的位置关系和形状等二十个特征的提取和分析来建立人脸的数字特征，并建立数据库来储存和管理这些人脸数据，然后这些人脸数据就可以用来对需要识别的人脸照片进行识别。在当时的计算能力下，这种方法每小时可以处理大约四十张人脸照片，这在当时是一个了不起的结果。当然，这种早期的人脸识别还是有很多限制的，对人脸的位置、朝向和光线都有很死板的要求，否则识别是十分困难的。

◆人脸识别

　　与此同时，图像识别的另一个研究方向是解决如何识别三维立体图像，这对于开发可以自由移动的机器人至关重要，因为机器人必须有能力观察四周环境的物理情况，以决定移动的目标和路径。其实，任何三维物体在二维图像上的立体感都是来自由不同阴影形成的界线，所以对三维图像的识别是从识别和分析图像中物体的线条关系和特征入手的，叫目标的边线识别。

　　1968年，斯坦福研究院在美国国防部的资助下开发出第一个载入史册的智能移动机器人——Shakey。这台机器人有一个电视摄像机来对它四周的环境进行"观察"，把"看到"的情况"告诉"自己的"大脑"，即一台车载小型计算机，进行图像识别和分析，从而判断出是墙还是门，是房间内还是走廊中，还可以"看出"物体的形状，进而根据它的目标要求决定移动的方向，驱车而行。它的诞生不仅标志着智能机器人技术的飞跃，而且标志着图像识别技术的重大突破，其中的很多技术一直沿用至今。

◆Shakey和它的开发者

随着研究的不断深入和硬件技术的飞速发展，图像识别也从黑白到彩色，从静态的图像到动态的视频，从识别分析特定的具体目标到全面识别分析图像中所有的事物。

2012年，在图像识别国际大赛上，由加拿大多伦多大学辛顿教授带领的超视团队在150万张图像识别竞赛中以低于10%的错误率精准地识别出图像中的内容是动物、是花、是船还是人等，拔得头筹。2015年，在另一场图像网络的国际大赛中，微软参赛系统在对从来自网上的10万张图片里划分出1000个物体（狼蛛、iPod、清真寺、玩具店、调制解调器等）的识别分类中，以分类错误率3.5%、定位错误率9%的成绩大获全胜。

人工智能技术已经给了机器一双慧眼，让机器比人更"心明眼亮"。今天，无人汽车、无人超市、无人停车场、手机扫一扫等应用已经深入我们的生活，深刻地改变着我们的生活方式和工作方式，这背后的秘密就是计算机图像处理与识别技术。

机械手的诞生

机械手是最早出现的工业机器人，也是最早出现的现代机器人，它可代替人的繁重劳动以实现生产的机械化和自动化，能在对人体有害的环境下操作以保护人的生命安全，因而被广泛应用于机械制造、冶金、电子、轻工和原子能等部门。

机械手是一种能模仿人手和臂的某些动作功能，用以按固定程序抓取、搬运物件或操作工具的自动操作装置。它可以通过编程来完成各种预期的作业，构造和性能上兼有人和机器各自的优点。

约瑟夫·恩格尔伯格是世界上第一个发明机械手的人。他于1925年出生在纽约布鲁克林的一个德国移民家庭，从小酷爱技术与科幻，先是在哥伦比亚大学攻读物理，然后又用了三年时间获得了该校的机械工程硕士学位。科幻给了他想象的灵感，技术让他具有了实现灵感的可能。

其实，早就有人研究如何让生产制造自动化，但可以让这种自动化变成现实的机器一直没有人能开发出来。一名自学成才的发明家叫乔治·德沃尔，他在

从事电机工程和机器控制器的工作时，设计了一种能按照程序重复"抓"和"举"等精细工作的机械手臂。1954年，德沃尔正式向美国政府提出专利申请，要求生

◆乔治·德沃尔

产一种用于工业生产的"重复性作用的机器人"。在一次鸡尾酒会上，他与恩格尔伯格因为彼此最爱的科幻小说而相谈甚欢，德沃尔还乘兴向对方解释了自己的发明概念。恩格尔伯格饶有兴致地倾听着，很快他便意识到这项新技术将会带来巨大影响。

恩格尔伯格决定买下德沃尔的专利，将德沃尔的发明投入应用，以生产取代人力劳动的机器人。1957年，天使投资的300万美元到位，他们创立了万能自动公司（Unimation），这是世界上第一家机器人生产公司。1959年，一个重达2吨但却有着1/10 000英寸精确度的庞然大物诞生了，这就是世界上第一个工业机器人尤尼梅特。恩格尔伯格也因此被称为"工业机器人之父"。

1983年，恩格尔伯格和他的同事们将Unimation公司卖给了西屋公司，并创建了TRC公司，开始研制服务机器人，把工业机器人推向了更广泛的应用领域。1988年，恩格尔伯格发明的助理护士机器人上市。依靠大量的传感器，助理护士机器人能够在医院自由行走，协助护士提供送饭、送药和送信等服务，好似电影《超能陆战队》中的"大白"。

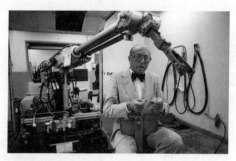

◆恩格尔伯格和他的发明

机械手主要由执行机构、驱动机构和控制系统三大部分组成。机械手的执行机构分为手掌、手臂和躯干。手掌安装在手臂的前端，手臂的内孔中装有传动轴，可把运动传给手掌，来转动、伸曲手腕，开闭手指。机械手手掌模仿人的手指，分为无关节、固定关节和自由关节3种。手指的数量又可分为二指、三指、四指等，其中以二指用得最多，根据夹持对象的形状和大小配备多种形状和大小的夹头以适应操作的需要。所谓没有手指的手掌，一般是指真空吸盘或磁性吸盘。手臂的作用是引导手掌准确地抓住工件，并运送到所需的位置上。为了使机械手能够正确地工作，手臂的3个自由度都要精确地定位。躯干是安装手臂、动力源和各种执行机构的支架。

机械手所用的驱动机构主要有液压驱动、气压驱动、电气驱动和机械驱动几种。其中以液压驱动、气压驱动用得最多。液压驱动式机械手通常由液动机（各种油缸、油马达）、伺服阀、油泵、油箱等组成驱动系统，由驱动机械手执行机构进行工作。它具有很大的抓举能力，高达几百千克的重物都不在话下。气压驱动式机械手通常由气缸、气阀、气罐和空压机组成，它气源方便、动作迅速、结构简单、造价较低、维修方便，但难以进行速度控制，气压不可太高，故抓举能力较低。电气驱动式机械手的特点是电源方便，响应快，驱动力较大，信号检测、传动、处理方便，并可采用多种灵活的控制方案。

◆机械手

机械手控制系统包括工作顺序、到达位置、动作时间、运动速度、加减速度等。机械手的控制分为点位控制和连续轨迹控制两种。控制系统可根据动作的要求，设计采用数字顺序控制，通过编制程序加以存储，然后再根据规定执行相应的程序来完成控制任务。

机械手按适用范围可分为专用机械手和通用机械

手，按运动轨迹控制方式可分为点位控制机械手和连续轨迹控制机械手等。机械手通常用作机床或其他机器的附加装置，如在自动机床或自动生产线上装卸和传递工件，在加工中心中更换刀具等，一般没有独立的控制装置。有些操作装置需要由人直接操纵，如用于原子能部门操持危险物品的主从式操作手。机械手在锻造工业中的应用也进一步提高了锻造设备的生产能力，使工人可以远离恶劣的劳动环境和生产条件。

联合国标准化组织采纳了美国机器人协会给机器人下的定义："一种可编程和多功能的操作机；或是为了执行不同的任务而具有可用计算机改变和可编程动作的专门系统。"

3.3
一切在于让机器能懂我们

让机器能像人一样有智能，就需要让机器学习知识，作为人类知识的载体——语言文字就成了让机器能懂得我们人类的一个条件。人类的语言可以分为三类：自然语言，像我们日常说的汉语和英语；半形式化语言，我们在数学中使用的语言就是这一种，即自然语言加特定的符号；再有就是形式化语言，即逻辑的语言。

任何一种语言文字都是一个丰富而复杂的符号系统。这种符号系统包括语音、词汇、语法等子系统，每个子系统又都包含许多不同特点的语言单位，单位和单位之间的关系错综复杂，但它们都有一定规律可循。例如，一个词的语音形式是依照语音系统的规则构成的，它的意义与词汇系统中的许多方面发生联系，它的功能受语法规律的支配，我们学习过语文，都了解和知道这些。自然语言当然也有一个缺点，就是不够严谨明确，使用上有很大的随意性，意思也常常有社会性、时代性和歧义性，这让机器理解起来困难重重。但我们自然能够想到，作为机器最容易理解的语言应该是最具有严谨逻辑的形式化语言。

所以早在17世纪，德国数学家莱布尼茨就认为，可以建立一种普遍的、没有歧义的语言，通过这种语言，就可以把推理转变为演算。一旦发生争论，我们只要坐下来，拿出纸和笔算一算就行了。这里，他实际上提出了数理逻辑的两个基本思想：构造形式语言和建立演算，实际上就是要将逻辑形式化。不过莱布尼茨没能实现他的两个设想。

其实在古希腊时期，欧洲的思想家就认为，只有通过这种"逻辑"思考才能领悟物质世界的实质和精髓。柏拉图认为，人可以通过对物质世界的观察抽取基本真理，再通过理性的（逻辑）思考探究世界的规律。正是通过这种"思考"，人们能够从正确的前提出发，获得正确可靠的结论。更进一步，亚里士多德认为，逻辑是自然科学研究的基础，因而需要将"理性的思考"与具体物质世界的真理相分离。为此，他提出了著名的三段论、反证法等逻辑推演法则。

亚里士多德所开创的逻辑也被称为亚里士多德逻辑，在随后近两千年的历史进程中广为传播，长期被人们视为哲学思考和研究的基本思维方式，促进了自然科学的发展，特别是对于数学的发展起到了至关重要的作用。它指明了从公理和定义出发，由逻辑推理建立一套严格理论体系的途径和方法。正是基于这种逻辑推理的方法，欧几里得的《几何原本》才成了构建数学知识大厦的不朽典范。

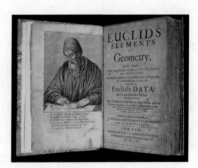

◆《几何原本》

1879年，逻辑学家弗雷格发表了著名的《概念文字：一种模仿算术语言构造的纯思维的形式语言》。在这本书中，弗雷格借鉴了两种语言，一种是传统逻辑使用的语言，另一种是算术的语言，成功地构造了一种逻辑的形式语言，即一种表意的符号语言，并且用这种语言建立了一个一阶谓词演算系统，实现了莱布尼茨提出建立一种普遍语言的思想。

人类对科学的探索和思考从来没有停止。1854年，英国逻辑学家乔治·布尔发表了《思维规律的研究》一书，首次从代数系统的角度阐述了逻辑推演方法，采用数学的方法研究逻辑。布尔出身贫寒，爸爸是个修鞋匠。由于家境困难，他没有机会接受正规教育。但聪明绝顶又刻苦好学的布尔，不但自学成才，而且16岁就开始当起老师，19岁就创办了自己的学校。柴屋出贵子，寒门有才人。布尔接受了亚里士多德逻辑的主要观念，并对传统逻辑进行了系统化推进，提出了抽象的逻辑推演规则，加入了数学最基本的符号。该代数系统就是著名的布尔代数，它是现代命题逻辑和今天计算机科学的基础。

数理逻辑是用数学方法研究逻辑的学问，它既包含数学推理的抽象规则，又为具体数学知识的描述提供形式语言，成为现代数学必不可少的组成部分。

随着数学知识的不断扩充，要将所有数学结论列举出来似乎并不可行。人们转而期望能够选择多个不证自明的数学论断作为初始公理，再通过逻辑推理获得所有其他数学结论。1900年，德国数学家希尔伯特在巴黎国际数学家大会上作了题为《数学问题》的报告，提出了23个著名的数学问题。其中，第二个问题就是希望能以严谨逻辑推理的方式证明任意公理系统内命题的相容性。

1910年到1913年，英国逻辑学家和哲学家罗素和他的老师阿尔弗雷德·怀特海德合著了《数学原理》，期望根据有限的数学公理，通过与具体领域无关的逻辑推理获得各个数学领域中的全部真理。1929年，奥地利出生的美国数学家哥德尔证明了一阶逻辑系统自身的完备性，其可靠性也可以证明。看上去，一切似乎都十分顺利。然而，在1931年他又证明了著名的哥德尔不完备定理，从根本上否定了通过严格逻辑证明获得全部数学定理的可能性；稍微复杂些的数学公理系统都会存在不能被证明的命题。这一结论击碎了几代数学家的梦想，同时也说明了形式化语言的局限性。

1936年和1937年，美国数学家邱奇和英国数学家图灵基于各自的计算模型——lambda演算和图灵机，再次从可计算的角度分别独立地给出了希尔伯特第二问题一个否定的答案，即不存在一个通用的算法，它可以用于判定任何一个数学命题是否为真。

尽管哥德尔、邱奇和图灵对数学公理系统的完备性给出了否定答案，然而他们的工作却为数学研究打开了另外一扇大门——可以根据具体需要选择恰当的断言作为初始公理，使数学可以向着更为广阔的领域发展。随着计算机和以手机为代表的移动设备计算能力的不断提升，数理逻辑在定理自动证明、程序验证、知识管理、数学计算中的作用日益突显，为数学机械化、算法数学、计算机应用、人工智能等学科之间的立体交叉提供了基石，架起了桥梁。一切在于让机器能懂我们。今天人工智能的高度发展，人机对话聊天、人机辩论和语音助理似乎都已成为现实，但机器真的就懂我们了吗？科学家们还在寻找更确切的答案。

3.4
机器人来啦

人类对机器人的想象最早出现在文艺作品中，早在1927年的美国电影《大都会》中就有一个女机器人玛瑞娅，具备颇为前卫的法老王式造型，而且是个狡猾的坏机器人，她通过挑起富人和穷人之间的战争，试图毁灭人类。与邪恶机器人的想象相反，

1977年，卢卡斯导演在其推出的《星球大战》系列电影中，创造了一对幽默搞笑的机器人小伙伴，它们多次在关键时刻扭转乾坤，拯救人类。日本动画片中的铁臂阿童木，也是人们对机器人的一种想象，这代表了人们对机器人的美好想象。

在人工智能的应用中，机器人是一个集人工智能的各个分支领域的成果之大成的产物，计算机视觉、自然语言处理、专家系统等都需要完美地应用于机器人领域。不过到目前为止，现实中的机器人和电影中的相比，无论智商还是颜值，都相差甚远，以至于有人开玩笑说："所谓人工智能，就是让机器人试着做到电影里它们能做到的事。"

◆波士顿公司生产的机器大狗

在1999年开始上映的《黑客帝国》三部曲中，人工智能的科幻水平已经发展到更高的阶段，被称为"矩阵"的超级人工智能电脑统治了整个世界，它为人类创造的"虚拟现实"是如此的真实，以至于绝大多数人完全意识不到一直生活在"虚拟世界"中。在《黑客帝国》三部曲之后，影片的导演和编剧沃卓斯基兄弟又找来了日本、韩国和美国动漫界的顶级导演，拍了9部基于《黑客帝国》设定的动画短片，合称《黑客帝国动画版》。其中的第二个短片《机器的复兴》和最后一个短片《矩阵化》，探讨了人与机器人的关系，对人类的未来具有非常关键的意义。

其实早在1950年末，美国科幻作家阿西莫夫在他的科幻小说《我，机器人》的引言里就提出了著名的"机器人学三定律"，为规范机器人的行为提出了一个标准，那就是：

（1）机器人不能伤害人类，或者目睹人类个体将遭受危险而袖手旁观；

（2）机器人必须执行人类的命令，除非这些命令与第一条定律相抵触；

（3）机器人在不违背第一、二条定律的情况下要尽可能保护自己的生存。

在电影和科幻小说之外的现实世界，机器人最早出现在工业制造领域。20世纪50年代，自学成才的发明家乔治·德沃尔从科幻小说中获取灵感，设计了能按照程序重复"抓"和"举"等精细工作的机械手臂。1956年，德沃尔与约瑟夫·恩格尔伯格合作创立了世界上第一家机器人公司Unimation。1959年，世界上第一个工业机器人尤尼梅特诞生。这个成本6万美元的庞然大物只卖了2.5万美元，被安装在通用汽车位于新泽西的一个工厂中。由于应用效果很好，机器人后来被推广到了通用汽车在美国各地的工厂，之后其他汽车公司陆续跟进，也在汽车生产线中引入了机器人。

1966年，恩格尔伯格带着尤尼梅特机器人上了美国最热门的晚间电视节目《今夜秀》，机器人对着全美观众表演高尔夫球推杆、倒啤酒、指挥乐队等有趣动作。从此，恩格尔伯格一举成名，后来被称为"工业机器人之父"。

◆机器人倒酒

从20世纪70年代开始，除了美国，日本和欧洲的机器人工业也快速发展。根据国际机器人联合会发布的2012年世界机器人研究报告，到2011年底，已有超过100万个工业机器人在世界各地的工厂中工作。

第一个通用的移动机器人Shakey，由美国斯坦福研究所研制。Shakey是首台全面应用了人工智能技术的移动机器人，能够自主进行感知、环境建模、行为规划并执行任务。它装备了电子摄像机、三角测距仪、碰撞传感器以及驱动电机，并通过无线通信系统由两台计算机控制。当时的计算机运算速度非常缓慢，导致Shakey往往需要数小时的时间来感知和分析环境，规划行动路径。虽然在今天看起来，Shakey简单而又笨拙，但Shakey实现过程中获得的成果影响了很多后续的研究。

在仿人机器人方面，日本走在了世界前列。1973年，日本早稻田大学的加藤一郎教授研发出第一台以双脚走路的机器人WABOT-1，加藤一郎后来被誉为"仿人机器人之父"。日本很多大企业也热情投入仿人机器人和娱乐机器人的开发，比较著名的产品有本田公司的仿人机器人ASIMO和索尼公司的机器宠物狗AIBO。

1998年，丹麦乐高公司推出"头脑风暴"机器人套件，使用套件中的机器人核心控制模块、电机和传感器，孩子们就能走进机器人的世界，自行设计各种像人、像狗甚至像恐龙的机器人，然后动手像搭积木一样把它拼装出来，还可以通过简单编程让机器人做各种动作。

◆乐高的"头脑风暴"

近年来，美国波士顿动力公司（Boston Dynamics）更是推出了多款引人注目的机器人。2017年的一款名为Handle的双足机器人，像是一个踩着滑轮鞋的明星运动员，可以跃过1.2米的障碍物，可以下台阶和快速旋转身体，速度惊人。波士顿动力公司还生产了机器大狗、机器豹子、机器野猫等产品，在网上可以看到不少这些机器人的视频，非常有趣。最近，他们还演示了让数个机器人像马拉车一样联合拖动一辆集装箱式大货车，这些机器人协调一致，力大无比。

2004年，埃隆·马斯克投资了专注纯电动汽车的特斯拉汽车公司。在马斯克的领导下，特斯拉公司建设了号称全球最智能的全自动化生产工厂。在工厂的冲压生产线、车身中心、烤漆中心与组装中心，这四大制造环节总共有超过150台机器人参与工作。在这些车间，机器人之间可以互相无缝衔接，配合工作，以至于车间里很少能看到工人。

2015年，马斯克联合著名投资人彼得·蒂尔和萨姆·阿尔特曼等硅谷大亨，投资10亿美元共同创建了人工智能非营利组织OpenAI。OpenAI招募了不少人工智能领域的优秀人才，研究目标包括制造"通用"机器人和使用自然语言的聊天机器人。OpenAI将把人工智能领域的研究结果开放性地分享给全世界。虽然超级人工智能可能会源于OpenAI创造的技术，但是马斯克和他的朋友们坚持认为，因为OpenAI开发的技术是开源的，所有人都可以用，这样就能减轻超级智能可能会带来的威胁。今天，智能机器人已经深入到我们生活和生产之中，发挥着从来没有过的巨大作用。

3.5
车行不用人开

　　自动驾驶是科幻小说中常有的一个场景。想到未来某一天，我们可以不考驾照，不雇司机，直接告诉汽车我们要去哪里，汽车就自己载着我们前往，不用担心走错路，不用担心警察的罚单，我们还能在行车之中休息，甚至睡觉，每个人都会兴奋不已。

　　如今，这已经不是幻想，谷歌的自动驾驶汽车已经获得了在美国数个州合法上路测试的许可，也在实际路面上积累了上百万英里的行驶经验。电动汽车先驱特斯拉更是早在2014年下半年开始销售电动汽车的同时，向车主提供可选配的名为Autopilot的辅助驾驶软件。

计算机在辅助驾驶的过程中,依靠车载传感器实时获取的路面信息和预先通过机器学习得到的经验模型,自动调整车速,控制电机功率、制动系统以及转向系统,帮助车辆避免来自前方和侧方的碰撞,防止车辆滑出路面,成了驾驶员的理想助手。其实最早在20世纪20年代,当时的主流汽车厂商就已经开始实验自动驾驶或辅助驾驶功能。

现代意义上的第一辆自动驾驶汽车,出现在20世纪80年代的卡内基梅隆大学计算机科学学院的机器人研究中心,它的名字叫Navlab。1986年制造的第一辆Navlab汽车上,安装了三台Sun公司的小型计算机、一台卡内基梅隆大学自行研制的WARP并行计算阵列、一部GPS信号接收器以及其他相关的硬件单元。限于当时的软硬件条件,这部自动驾驶汽车的最高时速只能达到32千米,但已成为现代自动驾驶汽车的雏形。1989年,卡内基梅隆大学还在自动驾驶系统中,使用神经网络技术,进行了感知和控制单元的

◆第一辆自动驾驶汽车Navlab

实验。大约在同一时期，奔驰、通用、博世、尼桑、丰田、奥迪等传统汽车行业的厂商也开始加大对自动驾驶系统的投入，陆续推出了不少原型车。

在中国，早在1987年，国防科技大学就研制出了一辆自动驾驶汽车的原型车，虽然这辆车非常小，样子也与普通汽车相差甚远，但基本具备了自动驾驶汽车的主要组成部分。2003年，国防科技大学和一汽集团联合改装了一辆红旗轿车，自动驾驶最高时速可以达到130千米，且实现了自主超车功能。2011年，改进后的自动驾驶红旗轿车完成了从长沙到武汉的公路测试，总里程286千米，其中人工干预里程只有2240米。此外，清华大学、中国科技大学等国内科研机构，也各自开展了自动驾驶技术的早期研究。

被誉为"谷歌自动驾驶汽车之父"的塞巴斯蒂安·特龙在加入谷歌之前，就曾带领着斯坦福大学的技术团队研发名为Stanley的自动驾驶汽车，并参加了美国国防高等研究计划署的自动驾驶挑战赛。塞巴斯蒂安·特龙主持研制的Stanley汽车赢得了2005年美国国防高等研究计划署自动驾驶挑战赛的冠军。

Stanley自动驾驶汽车使用了多种传感器组合，包括激光雷达、摄像机、GPS以及惯性传感器，所有这些传感器收集的实时信息被超过十万行软件代码解读、分析并完成决策。在障碍检测方面，Stanley自动驾驶汽车已经使用了机器学习技术。塞巴斯蒂安·特龙的团队也将Stanley汽车在道路测试时，不得不由人类驾驶员干预处理的所有紧急情况记录下来，交给机器学习程序反复分析，从中总结出可以复用的感知模型和决策模型，用不断迭代测试、不断改进算法模型的方式，让Stanley汽车越来越聪明。

◆Stanley自动驾驶汽车

　　和人工智能一样，自动驾驶也是一个有歧义、经常被人用不同方式解读的概念。为了更好地区分不同层级的自动驾驶技术，国际汽车工程师学会于2014年发布了自动驾驶的六级分类体系。美国国家公路交通安全管理局原本有自己的一套分类体系，但在2016年9月转为使用国际汽车工程师学会的分类标准。今天，绝大多数主流自动驾驶研究者已将国际汽车工程师学会标准当作通行的分类原则。

　　国际汽车工程师学会标准将自动驾驶技术分为0到5级，共6个级别。在国际汽车工程师学会的分类标准中，目前日常使用的大多数汽车处在第0级和第1级之间，碰撞告警属于第0级的技术，自动防碰撞、定速巡航属于第1级的辅助驾驶，自动泊车功能介于第1级和第2级之间，特斯拉公司正在销售的Autopilot辅助驾驶技术属于第2级技术。

按照国际汽车工程师学会的分级标准，第2级技术和第3级技术之间，存在相当大的跨度。使用第1级和第2级辅助驾驶功能时，人类驾驶员必须时刻关注路况，并及时对各种复杂情况作出反应。但在国际汽车工程师学会定义的第3级技术标准中，监控路况的任务由自动驾驶系统来完成。这个差别是巨大的。技术人员也通常将第2级和第3级之间的分界线，视作"辅助驾驶"和"自动驾驶"的区别之所在。

当然，即便按照国际汽车工程师学会标准实现了第3级的自动驾驶，根据这个级别的定义，人类驾驶员也必须随时待命，准备响应系统请求，处理那些系统没有能力应对的特殊情况。使用这个级别的自动驾驶功能时，人类驾驶员是没法在汽车上看手机、上网、睡觉的。

毫无疑问，自动驾驶将在不久的将来走进我们的生活。但真正意义上的第4级或第5级的自动驾驶技术何时可以商用，人们有各种各样的预测。初创公司NuTonomy曾经希望能在2018年前后在新加坡提供拥有自动驾驶功能的出租车，并在2020年扩展到10座城市。Delphi和MobilEye公司曾声称，他们可以在

2019年提供满足国际汽车工程师学会第4级要求的自动驾驶系统。原百度公司首席科学家吴恩达也曾希望，到2019年时将有大量自动驾驶汽车上路进行测试行驶，到2021年时，自动驾驶汽车将进入大批量制造和商用化阶段。特斯拉公司创始人埃隆·马斯克宣布，目前上市的特斯拉汽车在硬件标准上已经具备了实现国际汽车工程师学会第5级自动驾驶的能力。他曾预测说，2018年时，特斯拉将可以提供具备完全自动驾驶功能的电动汽车，但也许还要再花一到三年的时间，该型车才能正式获得批准并上市销售。2019年，他又宣称，他们生产的全自动驾驶出租车将在2021年上市。车行不用人开的时代已经到来啦!

3.6
如何与机器对话

你有没有和聊天机器人交谈过呢？今天无论在手机中，还是在电视节目里，越来越多的机器人可以和人对话聊天，回答问题。与机器进行语音交流，让机器听懂人类的声音，是人们长期以来梦寐以求的事情。语音识别技术让人类的这一梦想成真。语音识别技术就是让机器把语音信号通过识别转变为相应的文字或命令来理解的过程。语音识别技术主要包括特征提取技术、模式匹配技术及模型训练技术三个方面。

世界上第一个语音识别系统是在1952年由美国贝尔研究所的科学家戴维斯等人研究成功的。虽然当时的这个系统只能识别10个英文数字的发音，还只是一个实验性的系统，但它迈出了让机器听懂人类声音的第一步。大规模的语音识别研究是在进入了20世纪70年代以后出现的，并在小词汇量、孤立词的识别方面取得了实质性的进展。进入20世纪80年代以后，研究的重点逐渐转向大词汇量、非特定人连续语音识别，技术上也由传统的基于标准模板匹配的技术思路开始转向基于统计模型的技术思路。卡内基梅隆大学的亚历山大·万贝尔教授，跟在深度学习领域拥有绝对权威地位的辛顿合作，将人工神经网络应用于语音识别。遗憾的是，受限

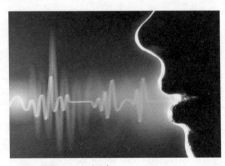

◆语音是一种声波

于当时计算能力和数据不足，远远达不到哪怕是可以演示的效果。

卡内基梅隆大学在美国国防部项目的资助下似乎成为美国语音识别的一个富于成果的研究基地。计算机专家詹姆斯·贝克和珍妮特·贝克是在卡内基梅隆大学里工作的一对夫妇，他们开发了一套名为"龙"的语音识别系统，还以此一起创立了龙系统技术公司。另外，一位著名的语音识别研究者、图灵奖得主拉吉·瑞迪教授，带领他的学生们，把根据语言学知识总结出来的语音和英文音素、音节的对应关系用知识判定树的方式画在黑板上，每次从系统中得到一个新的发音，就根据黑板上的知识来确定对应的是哪个音素、哪个音节、哪个单词。如果黑板上的知识无法涵盖某个新的发音，就相应地扩展黑板上的知识树。他把研发出的这个系统叫Hearsay，人们风趣地调侃它为"黑板架构模型"。

拉吉·瑞迪的学生布鲁斯·劳埃尔觉得Hearsay有很大的局限性，他转而用自己的方式对该系统进行了改进，做出了名为HARPY的语音识别系统。布鲁斯·劳埃尔的思路是把所有能讲的话串成一个知识网络，把每个字分解成单独的音节、音素，然后根据它们的相互关系，串联在网络里，并对网络进行优化，用动态规划算法快速搜索这个知识网络，找出最优解答。他在他的博士论文中展示了这套语音识别系统，成为卡内基梅隆大学研发出的当时世界上最好的语音识别系统，可以识别1011个英文单词。

　　基于数据的统计建模，比模仿人类思维方式总结知识规则，更容易解决计算机领域的问题。计算机的"思维"方法与人类的思维方法之间，似乎存在着非常微妙的差异，以至于在计算机科学的实践中，越是抛弃人类既有的经验知识，依赖于问题本身的数据特征，越是容易得到更好的结果。

　　彼得·布朗特别聪明，他跟当年卡内基梅隆大学毕业的许多博士生一样，进入了那个时代科学家们最向往的几个大公司的研究部门之一——IBM的沃森研究中心。在IBM研究中心里，彼得·布朗跟着弗雷德里克·杰里耐克领导的小组做语音识别。当时的语音识别主流技术还是拉吉·瑞迪教授主导的专家系统模式，这种技术需要语言学方面的专家。而小组里当时找不到这样的专家，只好弄一大堆训练数据不断统计，建立了概率统计模型。世界上的事情有时候就是这样阴差阳错，有心栽花花不开，无心插柳柳成荫。概率统计模型的效果居然比专家系统提升了不少，语音识别技术曙光初现。

　　2011年前，主流的语音识别算法在各主要语音测试数据集中的识别准确率还与人类的听写准确率有一定差距。2013年，谷歌语音识别系统对单词的识别错误率在23%左右。也就是说，深度学习技术在语音识别系统广泛应用之前，基本还停留在比较稚嫩的阶段，说话者必须放慢语速，力求吐字清晰，才能获得一个令人满意的准确率。

但仅仅两年时间，因为深度学习技术的成功应用，谷歌在2015年5月举办的谷歌年度开发者大会上宣布，谷歌的语音识别系统已将识别错误率降低到了惊人的8%。而IBM的沃森智能系统也很快地将语音识别的错误率降低到了6.9%。微软则更进一步，2016年9月，微软研究院发布了里程碑式的研究成果：在业界公认的标准评测中，微软最新的基于深度学习的语音识别系统已经成功地将识别错误率降低到了6.3%。随着统计模型崛起，在过去的一二十年里，按照单词统计的识别错误率从40%左右降低到20%左右。但在今天的深度学习时代，只用了两三年的时间，谷歌等公司就将语音识别的错误率从20%左右降低到了6.3%。人工智能技术正在飞跃式发展着。

2018年底，谷歌执行长在谷歌新技术发布会上，向全世界展示了他通过谷歌语音系统实时预约理发的全部会话过程，让所有观看的人惊叹不已。

今天我们拿出手机，使用手机内置的语音输入法，或者使用中文世界流行的科大讯飞语音输入法，就可以直接对着手机说话以录入文字信息。技术上，科大讯飞的语音输入法可以达到每分钟录入400个汉字的输入效率，甚至还支持十几种方言输入。在不方便用键盘打字的场合，比如坐在汽车或火车上，你完全不用打字而用语音输入就可方便地录入文字，然后再将文字信息发给别人。你甚至还可以直接用语音识别系统来写大段的文章。与机器对话已经不是什么问题，人工智能帮你忙！

◆语音助手　　　◆手机中的语音对话

第四章　科学路上无坦途

在人工智能大红大紫的今天，你能想象得到人工智能曾经经历过一个漫长而寒冷的冬天吗？在1984年8月6日的人工智能大会上，多名人工智能领军人物发出了警告："我们能否避免这一时刻或是能够存活下去？"为什么会有这样的警告呢？又是什么让人工智能走入了一个至暗时刻呢？

4.1
人工智能的冬天

　　今天，人工智能正如日中天般发展，但其实就在不久之前，人工智能经历了一个漫长的冬天。1984年8月6日，人工智能会议在位于美国南部的得克萨斯州大学召开，和前三届热烈的气氛以及会场外火热的天气截然不同的是，这次会议异常冷清。会议上，多名人工智能领军人物发出了警告，人工智能进入了一个至暗的时刻，"我们能否避免这一时刻或是能够存活下去？"这在历史上被称为人工智能的冬天。

　　在科学发展的道路上，从来没有一帆风顺的历史，也没有平坦笔直的大路可走。人工智能技术从达特茅斯学院的夏天正式揭开自己的历程开始，经过了20世纪六七十年代的高歌猛进，不仅暴露出了很多技术的局限性，而且也让许多人头脑发热，产生了许多不切实际的幻想和夸大其词的预言。但当研究成果和技术产品令人失望甚至无果而终时，立刻风向逆转。公司倒闭，政府撤资，大批人工智能从业人员转行，树倒猢狲散，飞鸟各投林。这还引起了一场关于人工智能的哲学思考和论战。

美国哲学家艾伦·安德森在他的文章《心灵和机器》中指出了当时两个对立的观点：用"人工智能之父"明斯基的话说，就是"心灵是肉做的机器"；与之对立的说法是，心灵不是机器。双方谁也说服不了谁。持对立观点的人认为，虽然我们可以建立非常复杂的系统来承担人类的智力工作，但这样的机器缺少人类具有的直觉，始终是在人工程序的控制下的行为。著名的英国量子物理学家潘佲斯就认为，计算机永远不可能有人一样的直觉，所以永远不可能超过人类。他还试图从当今的量子理论来证明这一点。他说，除非物理学在未来有全新的突破，否则人工智能只会停留在机器的水平而无法全面超越人类。

◆约翰·西尔

另外一名美国哲学家约翰·西尔也提出了类似的问题。他指出，人工智能系统并不具有人类的意识，不可能像人那样具有信仰和欲望，也没有对事物的意义和重要程度的理解和认识。他还举例说，一个人工智能系统也许可以判断说"约翰是个大个子"，但它并不知道它这句话可能有的各种含义。它之所以这样讲完全是一个数学统计和计算的逻辑结果。相反，当人们讲这句话时，人们完全知道自己在说什么，以及当下这样说的目的和意义。

西尔曾经提出过一个十分著名的游戏。他假设自己被关在一个房间里，房间里有两组中文字符卡片，这两组中文字符组成了一个故事和故事的背景信息，但他对中文完全不懂，自然也完全理解不了它们。不过房间里还有用英文写的规则，这些规则可以帮助他来把这些看不懂的中文卡片拼凑成文。游戏开始，房间外面的人又递进来一组中文卡片作为一组问题让他用房间里面的中文卡片来回答。由于他有英文书写的规则，所以虽然他完全看不懂这些中文卡片的内容，但他依然可以根据规则找出对应的答案。房间外面的人在看到正确的答案时完全不知道其实回答问题的人根本不懂中文，不过是"照章办事"而已。他的这个著名游戏被称为"中国房子"。他用这个游戏向大家

◆ "中国房子"

证明，人工智能系统不过就是在规则和程序下的机械计算，虽然答案完全正确，但系统其实对答案本身的内容和意义一无所知。用西尔自己的话说，机器并不能像人一样理解它所做的任何事情。

这些关于人工智能的哲学探讨，对人工智能的智能程度和水平产生了一个沿用至今的分类说法，这就是强人工智能和弱人工智能。所谓强人工智能，指的是可以完全胜任人类所有工作的人工智能，换句话说就是人可以做什么，强人工智能就可以做什么。而弱人工智能则是指专注于解决特定领域问题的人工智能。人工智能专家们基本同意，今天的人工智能水平还处在弱人工智能阶段。但很多人还是认为，随着技术的不断发展和突破，强人工智能是一定可以实现的，而终有一天人工智能会超越人类智能，出现超人工智能。

于是又一场讨论开始了，人脑和计算机究竟有什么不同？冬天的寒冷也许让人们冷静下来，认真理智地深入思考人工智能科学中更深刻、本质和未知的问题。当大多数人拂袖而去、纷纷改行、另谋生路的时候，少数人则围炉沉思、凝心聚力，把人工智能的研究推向了更新、更深和更广的层面。冬天来了，春天还会远吗？

4.2
一切似乎又那么遥远

　　人工智能冬天的到来不是没有原因的，在人工智能技术飞速发展的20世纪六七十年代，发展瓶颈和技术局限的端倪已经有所显现。首先，大多数人工智能的算法都是基于不断地搜索和对结果的穷尽过程，这不仅要求大量的计算能力，而且要求大量的存储空间。试想一个以三分叉树型增长的搜索，第一层将会有3个节点，第二层每个节点又会有3个节点，共9个节点，N次下去就会有3的N次方个节点。如果每次可能的搜索不是3个节点而是10个节点，二十层下去，就能产生10的20次方个节点数据，那将是10的后面有20个零，是1万亿亿的数据节点，相当惊人！先不讲存储空间在当时的可能性，就计算能力来讲也是根本达不到的。假设我们每秒可以计算产生10亿个节点，那也需要1000亿秒，相当于不停地计算3000年！这种规模的数据在今天似乎不成问题，但在20世纪六七十年代是不可想象的。这种爆炸式增长让人工智能技术的很多探索化为泡影。

　　与此同时，计算机界也提出了一个所谓的复杂性

◆斯蒂芬·库克

理论，从一般性的理论角度探讨一个问题的大小将会如何影响解决它所需要的时间和空间。美国计算机科学家斯蒂芬·库克，在认真研究了问题复杂性的基础上，提出了一个NP理论。通俗地讲，就是如果对于一个问题能在多项式时间内验证其答案的正确性，那么是否能在多项式时间内解决它？尽管库克把计算复杂性理论很好地概括和表达出来，但结论却是不乐观的，因为答案是并不是所有这样的问题都是可以解决的。这无疑让人工智能的冬天雪上加霜。

有人也从人脑和电脑的不同方面指出人工智能陷入困境的原因。美国数学家和计算机科学家贾克比在他的文章《人工智能的局限》中说，人脑在组织和处理碎片化信息和无结构问题上具有超乎寻常的能力，而电脑只是在组织和处理结构化信息方面独有专长，对于那些靠直觉、经验和意识来解决的问题似乎就变得力不从心，远不及人脑了。

人工智能研究者虽然也试图引入认知搜索方法来处理碎片化信息和无结构化的问题，但无论是逻辑推导还是在树状路径上搜索答案，都无法避免计算和存储的爆炸式增长，而让该方法在现实中无果而终。由于人类对自身思维机理的认识和了解还并不十分清楚（至今我们对人类精神、情感、意识和直觉等思维现象的物理机理和处理机制依然不是十分清楚），所以在模仿人脑的方法上，基本还是盲人摸象。无论是专家系统还是自然语言处理，开发出来的应用系统常常会漏洞百出，有些错误甚至可笑。

据说人工智能学科创始人麦肯锡曾经在和一个当时十分著名的医疗专家系统MYCIN会诊时，告诉系统他是男性，还说他在进行羊膜穿刺治疗。专家系统"认真地听取了"他的陈述而丝毫没有抱怨和产生任何疑问。然而一个男性是根本不可能怀孕，又怎么可能做羊膜穿刺治疗呢？这种常识性的知识竟然没有被收入这个医疗专家系统里！

自然语言的处理也不尽人意，有些错误十分低级。一个叫维森鲍姆的教授曾在麻省理工学院开发出一个对话程序ELIZA，也就是现在所说的聊天机器人，它可以像心理医生那样和你聊天。麻省理工学院人工智能实验室为了炫耀，把

◆终端对话程序ELIZA

这个系统对外开放,让来访的学术界和新闻界的人都可以试着和它聊上一聊。这在当时十分诱人,不少人前来和机器人聊天,感觉好极了,然而笑话也随之而来。

　　一天,一个来访者在电脑终端机上和ELIZA饶有兴味地聊了一通。临走时,他把自己的电话号码输入给ELIZA,让它有时间打电话给他。但终端一直没有回复,把这个来访者气坏了,因为还从来没有人如此怠慢他。其实不是机器傲慢,而是兴致勃勃的来访者忘记在句子的最后输入一个句号,所以机器一直在毕恭毕敬地等待他把话说完。

　　虽然ELIZA是今天聊天机器人的"鼻祖",但当年十分幼稚的它,还是在让人们狂喜之后,遭到诟病和怀疑。人类发展进步过程中会经历大起大落,在人工智能领域也是如此。

4.3
日本人输在了哪里

　　1981年，日本经济达到了顶峰，成为仅次于美国的世界第二大经济体。同时，日本正着力于研发建造第五代计算机，以展现从制造大国向经济强国转型的勃勃雄心。电子计算机的发展，从第二次世界大战开始的第一代用电子管搭建的计算机，已经经历了四代的变化。第二代电子计算机产生于1959年，晶体管取代了电子管成为电子计算机的核心部件，但电路的连接依然是通过铜线搭接。1960年，以单晶硅技术为突破的第三代集成电路计算机产生，晶体管和连接线路被集成在一小块单晶硅片上，这就是我们俗称的"芯片"。到了20世纪70年代，集成密度大幅提高，整个处理器电路都完全可以被集成在一块小小的芯片之上，由此标志着第四代超大规模集成电路计算机的诞生。

　　雄心勃勃的日本想要在第四代超大规模集成电路计算机技术的基础上，通过引入并行处理和核心逻辑软件大幅提高计算能力，在自然语言处理、专家推理和其他人工智能应用上取得突破，从而创造出第五代电子计算机。日本通产省的信心来自当时他们在半导体硬件技术的领先。当时日本在动态存储器方面已经超过美国，领先世界。同时，他们在电子产品的制造方面也大有超过美国之势。通产省制定了一个十年计划，并投资四亿五千万美元，准备大干一场，超英赶美。

日本的第五代计算机计划引起了一场世界性的技术竞争。日本的崛起一直让美国心存芥蒂。1982年，美国政府决定成

◆一场世界性的技术竞争

立微电子和计算机联盟，以每年七千五百万美元的投入，研发自己的第五代计算机，还确立了包括无人驾驶汽车、知识库和飞行辅助系统、战地管理系统等以自然语言处理为核心的研发项目。

同时，英国政府也宣布在未来五年内投资两亿五千万英镑开发自己的高科技阿尔维计划，人工智能是计划的重要部分。欧洲经济共同体也不甘落后，于1983年启动了"欧洲信息技术战略计划"，十年预算十五亿欧洲货币单位（当时还没有欧元）。

然而，客观现实并不是"人有多大胆，地有多高

产"。随着时间的推移，日本第五代计算机的研发开始变得越来越困难，一拥而上形成了研发内容的大杂烩，慢慢失去了聚焦点。其核心设计思想也因为试图把逻辑编程和并行处理这天生就不可调和的一对凑在一起而举步维艰。做出来的样机并没有比传统的四代机更出色，运转速度也并不能快很多。

就在日本第五代计算机研发期间，日本经济开始从巅峰下落，经济增长率从20世纪80年代的4%跌落到90年代的1%。轰轰烈烈地力争上游，最后以偃旗息鼓收场。日本的竞争对手也纷纷离去。英国早就知难而退了，用他们嘲讽自己的话说，"把繁荣寄托于研究，英国也真是够蠢的"。美国在日本偃旗息鼓以后，也见好就收，把开发第五代计算机的计划和人工智能研究抛在脑后，转而投入互联网技术，并因此创造了一场信息革命，把世界科技推上了前所未有的新的顶峰，为今天人工智能技术的重新崛起奠定了新的实践基础。

第五代计算机的教训告诉我们，任何事物的发生和发展都有其自身的规律，科学技术的飞跃是不能急功近利的。科学研究来不得半点虚华和骄傲，更经不起浮夸和忽悠。埋头苦干，实事求是，才是对待科学的真正态度。

4.4
专家们都去哪儿啦

随着人工智能冬天的到来，人们纷纷离去。但投资的缩水和研究项目的减少，并没有让科学家们停止对人工智能的进一步探索。一些研究人员把重心转向更切合实际的有限目标，另一些人则深入到更进一步的理论和方法的层面去寻找突破。在随后的十年里，无论是以计算机为主的硬件技术，还是以各种算法为主的软件技术都有新的发展。特别是互联网技术的应用，为人工智能开拓了一个新的天地。人工智能在机器推理、知识表达、机器学习、自然语言处理和计算机视频等方面都有新的突破，为随之而来的人工智能的再次崛起提供了新基础和条件。

人工智能危机在逻辑推理领域的一个表现是，当用逻辑语言表达一个知识时，严格的形式化方法常常让一个简单的问题变得复杂和绝对化，这让其实现起来变得十分困难。事实上，人类在运用知识解决问题时并不是那么刻板，也不是那么循规蹈矩，通常是运用任何可能的知识和一些合理的假设直接获得答案。这为逻辑推理领域里的探索提供了线索，非单调性推理和可废止的推理方法应运而生。虽然这种方法在理论上看起来不那么严谨和完美，但在实践上却十分可行，大大简化了推理的过程和效率。同时，一些研究人员还把数值化的方法引入逻辑推理领域，让具有数值特征的问题的推理数值化，从而大大简化了严格的形式推理过程。

在知识表达方面的研究也出现了新的突破。语义网络作为一种新的知识表达方法在研究人员的努力下开始被接受。所谓语义网络，就是一种用图来表示知识的结构化方式。在一个语义网络中，信息被表达为一组结点，结点通过一组带标记的有向直线彼此相连，用于表示结点间的关系。它的优点是直接而明确地表达概念的语义关系，模拟人的语义记忆和联想方式，可利用语义网络的结构关系检索和推理，效率高。1985年，普林斯顿大学的一个研究团队开始开发一个叫"词网"的类似百科全书的系统。在语义网络的支持下，这个词网包括了155 287个词条和117 659个同义词集，并且一直被扩充使用至今。这无疑是人工智能领域冬天里的一把火。而这样的星星之火不限于此，更多的方法也在不断地被提出和用于实践。

贝叶斯网络是人工智能领域冬天里的另一把火。把概率统计方法引入人工智能领域，并和神经网络技术相结合，可以说是使人工智能起死回生的一只妙手。1988年，加州大学洛杉矶分校的计算机科学教授珀尔把贝叶斯定理运用到人工智能领域，用概率的方法建立机器推理的模型，让复杂、模糊和难以确定的问题有了一个相对简单的量化解决办法，比以往的基于规则的人工智能方法更快捷有效。这为人工智能在自然语言处理、模式识别等许多方面获得突破性进展奠定了基础。朱迪教授也因此获得了2011年度图灵大奖。

在以互联网为核心的信息时代到来的背景下，数据的采集和存储都有了极大的发展，这为以大数据为基础的机器学习的发展提供了良好的条件。在人工智能的冬天，机器学习的发展成为人工智能报春的桃花。机器学习是指能通过"经验"（就是大量的数据）自动改进计算机算法的一种方法。它综合了概率论、统计学、应用心理学、生物学、神经生理学和信息论、算法复杂度理论等学科和理论的方法来实现计算机模拟人类的学习行为，以获取新的知识或技能，并重新组织已有的知识结构，使之不断改善自身的性能。1986年，用于训练多层神经网络的真正意义上的反向传播算法诞生了，这就是现在的深度学习中仍然被使用的训练算法，奠定

◆扬·莱肯

了神经网络走向完善和应用的基础。1989年，法国计算机科学家扬·莱肯设计出了第一个真正意义上的卷积神经网络，用于手写数字的识别，成为现在被广泛使用的深度卷积神经网络的鼻祖。

人工智能的冬天，专家们都去哪儿啦？虽然他们中的一部分人改弦更张，另谋高就，但更多的人知难而进，放弃幻想，回归实际，潜心科研，埋头实践。他们在冻土中匍匐前进，广扎根系，为随之而来的春天打下了新的坚实的基础。

第五章　柳暗花明又一村

　　随着人工智能技术的飞跃发展，有人提出了一个十分严肃又令人担忧的问题：人工智能会不会有一天超过人类智能？机器人会不会有一天取代生物人而主宰人类的命运？人类进步从手开始，但当机械手比人手更灵巧、机器人比人类更聪明时，我们的生存会不会受到威胁？让我们听听专家们怎么说。

5.1
是谁让老树开新花

20世纪90年代，计算机领域里发生了一件创造历史和改变历史的大事，它不仅极大地促进了高科技的飞跃，而且带动了整个世界经济、政治、文化和生活的深刻变化。这就是互联网的诞生。

早在1961年，美国麻省理工学院的伦纳德博士就发表了网络通信的分组交换技术论文，该技术成为后来互联网的标准通信方式。所谓分组交换，就是把要传输的数据划分成一段一段的，再进行传输。每一段叫作一个分组，这极大地提高了传输的灵活性和效率。1991年，欧洲粒子物理研究所的科学家提姆在此基础上开发出了我们今天广泛使用的万维网，并开发出了最初的浏览器Netscape，把过去只在科技、国防及大学领域里使用的互联网推向大众市场，引发全球性的信息爆炸。

◆ 万维网

与此同时，计算机硬件条件也出现了指数

级的增长。英特尔公司初创于1968年，由戈登·摩尔、罗伯特·诺伊斯和安迪·格鲁夫共同创建于美国硅谷。摩尔在1965年就预言，在价格不变的情况下，芯片中的晶体管和电阻器的数量每年会翻番，性能也将提升一倍，原因是工程师可以不断缩小晶体管的体积。这就意味着，半导体的性能与容量将以指数级增长，并且这种增长趋势将持续延续下去。他的这个预言被称为摩尔定律。1975年，摩尔进一步修正了自己的摩尔定律，将增长速度订为每隔24个月晶体管的数量就将翻番。换言之，每一美元所能买到的电脑的性能，将每隔24个月翻一倍以上。这一定律揭示了信息技术进步的速度。摩尔定律在过去30年相当有效，当时芯片上的元件大约只有60种，而现在，英特尔最新的芯片上已经有17亿个硅晶体管之多。

◆集成电路

　　早在1959年，美国著名半导体厂商仙童公司就推出了平面型晶体管，紧接着于1961年又推出了平面型集成电路。这种平面型制造工艺是在研磨得很平的硅片上，采用一种叫作"光刻"的技术来形成半导体电路的元器件，如二极管、三极管、电阻和电容等。只要"光刻"的精度不断提高，元器件的密度也会相应增加。因此，平面工艺被认为是"整个半导体的工业键"，也是摩尔定律问世的技术基础。英特尔的微处理器芯片奔腾4的主频已高达2GHz，2011年又推出了含有10亿个晶体管、每秒可执行1000亿条指令的芯片。半导体芯片制造工艺水平的飞速提高，为计算机发展创造了无限可能，美国国际商业机器公司和微软公司合作在20世纪70年代末80年代初率先推出了个人计算机，一场计算机革命随之而来。

摩尔于1929年1月3日出生在美国旧金山湾区的佩斯卡迪诺。他的父亲并没有上过多少学，17岁就开始养家，做一个小官员，母亲只有中学学历。梦想着能进入美国名校的摩尔，高中毕业后，以自己的勤奋和努力如愿以偿地进入了著名的加州大学伯克利分校，

◆戈登·摩尔

学习化学专业。1950年，摩尔获得了学士学位，并继续深造，于1954年获得物理化学博士学位。1965年，时任仙童半导体公司研究开发实验室主任的摩尔应邀为《电子学》杂志35周年专刊写了一篇观察评论报告，题目是《让集成电路填满更多的元件》。在摩尔开始绘制数据时，他发现了一个惊人的趋势：每个

新芯片大体上包含其前任两倍的容量，每个芯片的产生都是在前一个芯片产生后的18～24个月内。摩尔定律就此诞生了。摩尔定律并非数学、物理定律，而是对发展趋势的一种分析预测。因此，无论是它的文字表述还是定量计算，都应当容许一定的宽裕度。从这个意义上看，摩尔的预言是准确且难能可贵的。

就在人工智能进入寒冬的同时，半导体技术却春意盎然，百花齐放。在微处理器方面，从1979年的8086和8088，到1982年的80286、1985年的80386、1989年的80486，再到1993年的奔腾、1996年的奔腾Pro、1997年的奔腾2，功能越来越强大，价格越来越低廉。与此同时，存储器容量由最早的24KB扩大到8MB、16MB，以至64GB、256GB。

计算机系统软件方面，由于早期存储容量的限制，系统软件的规模和功能受到很大限制。随着内存容量的指数增长，系统软件不再局限于狭小的空间，其所包含的程序代码的行数也剧增。BASIC程序设计语言的源代码，在1975年只有4000行，20年后发展到大约50万行。微软的文字处理软件，1982年的第一版含有27 000行代码，20年后增加到大约200万行。有人将其发展速度绘制成一条曲线后发现，软件的规模和复杂性的增长速度甚至超过了摩尔定律。系统软件的发展反过来又提高了对处理器和存储芯片的需求，从而刺激了集成电路的更快发展。

这一切为人工智能的春暖花开创造了物质的基础条件，让过去的不可能变成今天的可能。一场人工智能的新的革命打开了人类21世纪的大门，以迅雷不及掩耳之势再次深刻地改变着人类世界。

5.2
人机博弈的世纪大战

2016年3月9日，一场划时代的围棋人机大战在韩国举行。出战挑战人类的是谷歌公司2014年开始研发的人工智能围棋程序

◆比赛现场

阿尔法狗，和机器对弈的是韩国的围棋世界冠军李世石。这场举世瞩目的大战，最终阿尔法狗以4比1大胜李世石，宣告了人类在跨世纪的棋弈人机大战中的失

败，成为人工智能超越人类智能的一大例证。

美国政治家乔治·多尔西曾经说过，"游戏是知识之源"。下棋是人类游戏的一大古老项目，从跳棋、象棋到围棋，人类痴迷其中，乐此不疲。计算机科学之父图灵更说过，"下棋需要智能"。下棋一直被视为是对人类智能的挑战，计算机下棋自然也成了人工智能的标志之一。早在二战期间，图灵就开始研究计算机下棋。几乎与此同时，发明了世界上第一台电子计算机的美国数学家冯·诺依曼也在研究计算机下棋，并和美国经济学家摩根斯顿合作出版了《博弈论》一书，首先提出了二人对弈的Minimax算法。1950年，人工智能之父香农在《哲学杂志》上发表了《计算机下棋程序》一文，开启了计算机下棋的理论研究，他的主要思路在今天的阿尔法狗中得到体现。

阿尔法狗是一个相当复杂的程序系统，用到了人工智能技术的很多方面，但最为核心的就是被称为"强化学习"的技术。它的发明者是美国计算机科学博士巴托和他在麻省大学培养出来的第一个博士生萨顿。然而造化弄人，强化学习自发明以来一直不被重视，也没有得到什么有价值的应用，直到谷歌公司的阿尔法狗采用这一技术大胜人类后，它才变得炙手可热。

强化学习是怎样一种方法呢？我们用迷宫游戏来说明一下。假设在一个迷宫里，一只老鼠想要找到藏匿其中的一块奶酪，我们把它用下面的图来表示。图中的灰点表示老鼠可能前往的地方，用强化学习的术语讲，这些点被称为"状态"。在每一个状态下，老鼠有四种可能的选择：向左，向右，向前（前进），向后（后退）。当然，在不同的状态下，不一定所有的选择都是可行的，比如说到了死角，就只能有一种选择，向后。每一种选择都会让老鼠进入下一个状态，面临下一种选择。这种状态和选择的集合就可以构成行进图。那老鼠是怎样在这些可能的状态下进行选择的呢？

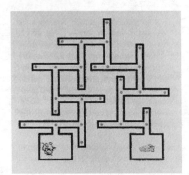

◆迷宫图

　　老鼠面临的问题是它并不事先知道这个迷宫是什么样子，也不知道有多少种可能的选择。它只能通过不断地探索，在失败中标记路线，调整自己的行进选择，我们把这种方法叫作试错法。强化学习就是通过探索每一个状态下的所有可能并标记下来，绘制出一个所有可能的路线图。每一种可能的行进路线都被称为一种"策略"，而最佳的策略就是路径最短的那个走法。这张图在强化学习里面叫"博弈树"。

　　那么问题又来了。随着可能性的增多，博弈树的增长是指数级的，计算时间和数据的存储量的增长都是爆炸性的。麦卡锡提出了一种称为α-β的剪枝技术来控制树的蔓延。剪枝技术的核心思想是边画树边计算评估路径的优劣，当评估值超出一定范围时，树的延伸就停止，这样就大大减少了树的规模。

　　然而在围棋的应用上，这种方法又遇到了困难。围棋的棋子比跳棋和象棋多得多，组合的可能性也更多。于是人们想到了蒙特卡洛方法。它最早是由法国数学家布丰在1777年用投针实验的方法求圆周率时提出的。后来冯·诺依曼用驰名世界的赌城摩洛哥的蒙特卡洛为其命名。

　　蒙特卡洛方法最常用的教学例子就是计算圆的面积。在一个正方形里面贴边画一个圆，然后随机往这个正方形里扔沙粒，扔到足够多时，开始数有多少沙粒落在圆里，把这个数字除以所投沙粒的总数再乘以正方形的面积，就是圆的面积了。这其实是一种概率统计的方法。

　　2016年3月的这场划时代的围棋人机大战，标志着跨世纪的棋弈人机大战的最终结束。回首计算机下棋的历史，从20世纪80年代末最强跳棋程序Chinook的孤独求败，到90年代末IBM公司的"蓝深"国际象棋程序的无人能敌，再到21世纪初中国象棋程序开始击败人类特级大师，直到今天谷歌公司的阿尔法狗完胜人类围棋棋手，人工智能技术在几个世纪的不断探索前进中，在棋弈对决中彻底战胜了人类智能。我们不知道是应该为人类科学的巨大突破而欢欣鼓舞，还是应该为人工智能超越人类智能而忧心忡忡。也许当人类创造科学的时候，科学也在悄悄地毁灭着人类。不管怎么说，让我们相信，机虽胜人，但人定胜天。在科学技术突飞猛进的今天，无论是科学家、哲学家，还是政治家、社会学家，越来越多的人开始关注人类的命运和未来。

5.3
人机对怼旧金山

人类擅长和热衷于辩论，但在人工智能高度发展的今天，计算机也毫不逊色。2019年2月11日，在旧金山的叶巴布纳艺术中心，IBM研发的人工智能系统，和人类辩论大师哈利什·纳塔拉简进行了一场精彩激烈的辩论。

辩论场上，看上去像液晶广告牌一样的计算机，就是IBM目前在 A I 领域最新的研发成果——人工智能辩论系统。其实，它已经不是第一次和人类辩论了。

◆辩论现场

2018年6月的人机辩论首战，它的两个对手都是来自以色列的顶级辩论专家，最终战绩1胜1负。

此次代表人类出战的哈利什·纳塔拉简是2012年欧洲辩论赛冠军，牛津政治、哲学、经济本科，剑桥哲学和国际关系硕士，英国前首相卡梅伦的学弟，现任AKE咨询公司的经济风险主管，得过的世界级辩论奖数不胜数，还拥有多项辩论世界纪录。

辩论规则很简单，在双方都没有预先准备和进行过任何交流的条件下，现场公布辩题，15分钟准备，开始后各有4分钟时间立论，4分钟时间反驳对方观点，最后各有2分钟结辩，基本遵循了传统辩论比赛的规则。比赛胜负是由湾区学校顶尖辩手和100多名记者组成的现场观众评审投票决定。

虽然，辩论的结果是人类获胜，但人工智能辩论者的表现，展示了人工智能系统近些年来变得越来越灵活的事实。人工智能已经开始从只能回答专门特定问题的会说话的数字助理，向可以回答更广泛的问题而非唯一的问题发展。

"技术的发展正在突破人工智能的更多界限，让它可以更多地和我们互动、更好地理解我们。"IBM研究主任达瑞欧在节目中曾说。

那么人工智能辩论者是怎么辩论的呢？简单地讲，它从拿到观点到输出演讲分为这样几步。首先是判断观点。当使用者输入一个观点，系统就根据语义理解，自动判断观点属于正方还是反方。然后筛选资料，在IBM为它构建的数据库中，找到所有可以支持这一观点的论据，并且判断论据的说服力。

需要说明的一点是，这台计算机并没有联网。所有数据资料全部储存在它自己的系统里面。这里面除了各种知识文献外，还有一个非常关键的内容，就是观点在社会中的反响。这其中可能包括专家发言，民意调查，辩论赛数据等可以反映观点说服力的数据。这也是为什么它可以在15分钟内从各种可能的答案中选择一个比较有说服力的答案，因为它只需要几秒钟就能从数据集中发现用哪种方法说服人类更奏效。

找到了最有力

◆专家在讨论辩论者

的论点，再找到可以支持论点的最合适的论据，接下来就是排列组合，决定先说哪个，后说哪个，怎么去说效果更好，最终形成整体辩论逻辑。最后，它把这些变成一个演讲形式，并且用人说话的方式通过语音表达出来。

这里涉及自然语言识别、语义理解等人工智能领域里的多项技术，在此之前几年几乎没有哪个科技公司能做到。这一步对人工智能来说也是很艰难的一步，但IBM的这套系统显然已经做到了。

作为人工智能领域的开山鼻祖之一，IBM从1962年展示了全球首个语音识别设备Shoebox，到1997年的蓝深系统在国际象棋中战胜人类，再到2001年的沃森系统在美国老牌智力问答节目中赢得100万美元奖金，直到2014年开始研发辩论系统，IBM费这么大功夫研发出这么一个辩论者，可不是为了跟人类对怼比赛。

这套人工智能辩论系统具有强大的语义理解和语言生成能力，应用领域可从净化网络环境到辅助语言学习，甚至彻底改变人机交互方式。更重要的意义在于，它能通过不断提升数据处理能力，帮助医生、投资人、律师，甚至执法机关和政府，在作出重要决策时提供最客观全面、无人性偏颇和不受情绪左右的建议。

当然，目前我们看到的所有"机器独立意识"，其实都只是程序员根据人类模拟出的假象，目前人工智能技术的极限还只是"解决特定问题"。而人工智能辩论者的诞生，代表着人类在尝试教会机器该如何自己思考上的一个突破。先从让机器模仿人类去思考开始，再进一步尝试让机器能从自己的判断中获得答案。

　　人工智能已经成功地在这方面迈出了第一步，但在人类自己都还没搞清楚意识是什么，以及意识存在的形式的时候，下一步该怎么走还在探索之中。人类从来都是不屈不挠勇往直前的，IBM在他们的辩论者的官网底部有这么一句话：辩论，只是一个开始。是啊，今天人工智能辩论者是输了，然而明天鹿死谁手就很难说了。

5.4
无处不在的人工智能

　　进入21世纪以来，特别是最近十年，人工智能技术在以半导体集成电路技术和通信网络技术为代表的硬件飞跃性发展的基础上，出现了前所未有的大繁荣和大突破，开始全面进入人们的工作、生产和生活之中。这里最具代表性的应用产品就是智能手机。

◆第一代苹果智能手机

2007年6月的一个清晨，苹果公司的专卖店门前一大早就排起长龙，不明缘由的路人好奇地打听发生了什么，是不是苹果产品打大折扣？那些排队等候苹果专卖店开门的"果粉"们兴奋地回答道，今天苹果发售它研制的世界上第一款智能手机——iPhone。尽管售价在五六百美元，在当时应该算是非常昂贵，但仍然吸引了非常多的"果粉"争相购买。iPhone手机具有的智能功能让苹果公司和它的创始人乔布斯一夜之间名声大噪，也让当时其他类型的手机立刻黯然失色。一场智能手机大战由此拉开帷幕，各种各样的智能手机风起云涌，让其中蕴含的各种人工智能技术不断地深入千家万户，深入人们日常生活的方方面面。

2010年6月7日，在美国的旧金山，苹果公司首席执行官乔布斯带病在一年一度的苹果全球开发者大会上发布iPhone 4，这是乔布斯最后一次站在发布会上介绍新一代iPhone。一年以后，苹果公司新的首席执行官蒂姆库克发布了基于全新siri智能语音助手和

iCloud云端服务的iPhone 4s手机。今天，iPhone不仅拥有人脸识别、指纹识别等图像识别功能，而且还具有语音翻译、导航定位、自动支付和远程遥控等功能。所有这些功能的背后都是人工智能技术的支持和应用。今天，我们几乎已经离不开智能手机。一机在手，万事不愁；一机在手，走遍全球，这已经不是一种幻想，而是一个不断实现的现实。

在2019年央视网的《网络春晚》上，人工智能主播"小小撒"携手撒贝宁，一同亮相舞台。这是人工智能主播首次上岗

我是虚拟主持人

◆两个小撒

中央电视台。首次上岗的人工智能虚拟主播，与真人撒贝宁的相似度高达99%。无论是撒贝宁的外形、声音、眼神，还是脸部动作或者嘴唇动作，"小小撒"都展现得淋漓尽致，惟妙惟肖，令人惊叹。

当今的人工智能技术只需将撒贝宁等主持人的面部扫描并截取半小时的语音数据，即可生成形象和声音模型。有了声音模型后，任何输入的文字都可以用撒贝宁的声音读或唱出来，甚至是使用不同的语言。这也就是说，在大数据的支持下，人工智能克隆技术

正一日千里地发展着。以后，我们每一个人都可以拥有一个自己专属的虚拟孪生机器人，他们将作为我们的千万化身在世界上行走。如果哪一天你在街上遇到一个和你长得一模一样的人，千万不要感到惊讶。相信这一幕不会太远了。

无人银行也已经到来了。中国建设银行国内第一家无人银行已经在上海正式开业。这个无人银行，可以办理90%以上的现金及非现金业务。客户还可以用银行提供的耳机和眼镜等辅助设备，通过远程服务来完成业务办理。

◆无人银行

◆无人酒店

踏进这家银行的一刻，你会彻底被震撼。找不到一个保安，取而代之的是人脸识别的闸门和敏锐的摄像头；找不到一个大堂经理，取而代之的是会微笑、会说话，对你嘘寒问暖的机器人。与此同时，无人超市、无人停车场、无人安检也已经在普及之中了。

2018年，马云筹备两年之久的阿里未来酒店正式开业。酒店里没有前台，也没有收银员、服务员，更没有大堂经理，却比任何一家酒店更安全、更干净、更舒适。进入酒店后，一个一米高的"天猫人工智能精灵"会主动迎接你。无须前台登记，只要注视它两秒，你就已经完成了所有入住酒店的程序。酒店房间里的所有设备都搭载了人工智能，不管你是要开电视、开灯、关灯，还是开窗、开空调、咨询Wi-Fi密码，全都不需要人工操作，只要轻轻说一声，房间里的小型天猫精灵就能感应到，帮你全部搞定。

在机器人走进服务业和居家生活的同时，机器人也在全面进入生产制造业，无人车间和无人工厂已经不再是什么新鲜的事情。就拿中国知名企业格力空调来说，自主研发的机器人，已经让格力空调变身为"格力重工"。走进格力企业的模具分厂、注塑分厂、钣金分厂、商用大型机组装配分厂等，在偌大的生产车间，以往人挨人密集工作的景象已消失不见，取而代之的是整齐有序的自动化生产流程。在钣金喷涂分厂的冲压自动化线上，几个橘黄色机器人排列整齐，正灵活挥动"手臂"抓取零部件，干得"热火朝天"。这些由机器人及相关设备组成的生产线都是由格力自主设计研发。谈及"机器换人"，格力四大分厂的几个负责人最直接的感受就是成本节约与效率提升。模具分厂相关负责人说，该厂拥有自动化设备约1000台。借自动化之力，工厂不仅极大提升了生产效率和人均产值，也节约了人力、减少了损耗。资料

◆工业机器人　　　　◆无人工厂

显示，格力自2011年实施"机器换人"开始，相继成立了自动化办公室、自动化技术研究院、自动化设备制造部等部门。目前，格力已自主研发近百种自动化产品，覆盖了工业机器人、智能AGV、注塑机械手、大型自动化线体等十多个领域。

　　然而，像格力这样的企业，无论在中国还是在世界，已经如雨后春笋般地涌现出来，无处不在的人工智能技术正在彻底地改变着工业、农业的生产方式，释放出前所未有的生产力。

5.5
人工智能会不会超过人类智能

随着人工智能的飞速发展，有人提出了一个十分严肃又令人担忧的问题：人工智能会不会有一天超过人类智能？机器人会不会有一天取代自然人而主宰人类的命运？影视作品更是把这种担忧在屏幕上变成惊悚的画面和令人恐惧的灾难——人工智能电脑统治了整个世界。

最早提出这一问题的学者认为，技术的进一步发展会在未来的某个时刻深刻地改变人类生活而成为和人类竞争的一种力量。1983年，科学家第一次使用"奇点"一词来描写人工智能超越人类智能的那一时刻。从此，"奇点"就被人们用来定义和讨论人工智能对人类智能的超越。

人工智能真的会超越人类智能吗？如果真的会发生，那将是什么时候呢？发生了以后世界和人类又将会怎样呢？要想回答这些问题，我们先要了解今天的人工智能到底有多"聪明"，人工智能到底会发展到什么程度，以及什么样的人工智能会超出人类的控制范围给人类带来威胁。让我们先了解一下有关不同层级人工智能的几个基本定义。

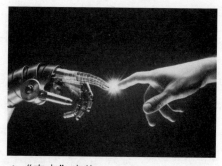

◆ "奇点" 来临

我们已经讲过，人工智能普遍被认为可以分为三个程度。第一个程度叫弱人工智能，也称为"限制领域人工智能"或"应用型人工智能"。在这个程度上的人工智能，专注于且只能解决特定领域的问题。今天我们看到的所有人工智能都属于弱人工智能的范畴。像谷歌的阿尔法狗就是弱人工智能的一个最好实例。它的能力仅限于围棋，下棋时还需要人帮忙摆棋子，自己连从棋盒里拿出棋子并置于棋盘之上的能力都没有，更别提下棋前向对手行礼、下棋后一起复盘等围棋礼仪了。显然，这样的人工智能技术对人类还谈不上是什么大的威胁。

人工智能的第二个程度叫强人工智能，又称"通用人工智能"或"完全人工智能"。在这个程度上的人工智能，可以胜任人类所有的工作。人可以做什么，强人工智能就可以做什么。由于这种定义过于笼统，更多的人提出用是否能通过图灵测试来标志强人工智能。

一旦实现了符合这一描述的强人工智能，我们几乎可以肯定，所有人类工作都可以由人工智能来取代。机器人为我们服务，每部机器人也许可以一对一地替换每个人类个体的具体工作，人类则获得完全意义上的自由，只负责享乐，不再需要劳动。目前，虽然我们还没能够达到这种程度，但它对人类可能带来的威胁是不难想象的。显而易见的是，人一旦丧失了劳动的需求，躯体和大脑的退化也就在所难免。

人工智能的第三个程度叫超人工智能，就是说人工智能已经全面超过人类智能。这样的人工智能不但有意识和情感，而且有思想和意志。牛津大学哲学家、未来学家尼克·波斯特洛姆在他的《超级智能》一书中，将超人工智能定义为"在科学创造力、智慧和社交能力等每一方面都比最聪明的人类大脑强很多的智能"。显然，对今天的人类来说，这是一种完全还存在于科幻电影中的想象场景。但不难想象，如果人工智能发展到这一程度，人类被灭绝可能就是分分钟的事情。

显然，如果人们对人工智能会不会挑战和威胁人类有担忧的话，我们担心的是这里所说的强人工智能和超人工智能。我们到底该如何看待强人工智能和超人工智能的未来呢？它们会像阿尔法狗那样，以远超我们预料的速度问世吗？

今天，学者们对超人工智能何时到来众说纷纭。悲观者认为技术加速发展的趋势无法改变，超越人类智能的机器将在不远的将来得以实现，那时的人类将面临生死存亡的重大考验。而乐观主义者则更愿意相信，人工智能在未来相当长的一个历史时期都只是人类的工具，很难突破超人工智能的门槛。

著名理论物理学家、《时间简史》的作者霍金就认为：“完全人工智能的研发可能意味着人类的末日。”作为地球上少数有能力用数学公式精确描述和推导宇宙运行奥秘的人之一，霍金的宇宙观和科技史观无疑具有很大的影响力。事实上，霍金并不否认，当代蓬勃发展的人工智能技术已经在许多行业发挥着至关重要的作用，但他所真正忧虑的是机器与人在进化速度上的不对等性。霍金说，“人工智能可以在自身基础上进化，可以一直保持加速度的趋势，不断重新设计自己。而人类，我们的生物进化速度相当有限，无法与之竞争，终将被淘汰”。此外，霍金同时还担心人工智能普及所导致的人类失业问题。霍金说，“工厂自动化已经让众多传统制造业工人失业，人工智能的兴起很有可能会让失业潮波及中产阶级，最后只给人类留下护理、创造和监督工作”。

特斯拉与SpaceX公司创始人，被誉为“钢铁侠”的埃隆·马斯克，与霍金有大致相似的担忧。马斯克说，“我们必须非常小心人工智能。如果必须预测我们面临的最大现实威胁，恐怕就是人工智能了”。

◆智能的威胁

为了防止这种威胁，一家由当今美国科技大咖们创建的研究公司OpenAI，聚集了一批AI领域的顶尖高手，立志研发安全的人工智能技术，探索实现强人工智能的可能性，和通过实践来探寻将人工智能技术的潜在威胁降至最低的方法。

技术的发展在今天正以日新月异的速度飞跃着。对于人工智能的未来，目前还没有一个统一的看法，但有一点是肯定的，那就是技术正在深刻地改变着人类的生活、生产和生存方式。这种深刻的变革已经并且会不断地挑战人类的智慧和未来，改变人类的命运。